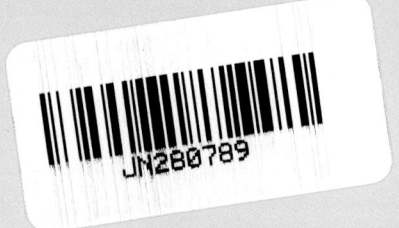

ROPE
WORK

CONTENTS

cover design : Isao Kumakura
cover photo : Katsuhiko Miyazaki
KAZI DVD BOOKS

【巻頭言】

暮らしの中で「活きる」結びの技術

キャンプやマリンスポーツなどのアウトドアスポーツはもとより、
ネクタイや靴ひもなどの結束、荷造りや包装など、
さまざまな日常生活のなかで、「結びの技術」が必要とされています。
基本的なロープワークをマスターすることによって、
私たちの暮らしを、より快適で潤いのあるものにしていきましょう。

photos by Katsuhiko Miyazaki

「ロープワークは人類の知恵の結晶である」

人類が結びを生活の中に取り入れた時期は極めて古く、すでに石器時代には用いていたといわれています。

もちろん原始のころは、現代のような使いやすいロープなどはありません。植物のツル、または長くて丈夫な葉や茎をひも状にして結び、生活の道具として工夫していたと想像されます。時代が進むとともに、それらの複数を撚《よ》って使い始め、後は編んだり組んだりして、ひもまたはロープとして改良を加えていったようです。さらに時を経て、植物から丈夫な繊維を取り出すことを考え、その方法を開発し、現在のひもやロープへ近づいてきたのです。

また、結びの発達段階を考えるとき、ロープと海の結び付きは格別に強いようです。現在でも漁業ではその仕掛けや網に使われ、また船の係留や投錨作業などには、ロープは絶対に欠かせない重要な道具ですし、マリンスポーツの代表ともいえるヨットやボートでも、なくてはならないものです。

結びが使われるレジャーのうち、人口によるランクをつけたら、つりは我が国では他を引き離

して一位の座にすわると思われます。漁業としてではなく、遊びとしての釣りにも結びは重要な役目を果たしています。このように結びと海、または水辺は、昔から切っても切れない仲であったといえるでしょう。

文明の進歩とともに歩んできたロープも、今日では植物繊維より数倍も強い化学繊維が使われるようになり、格段にその性能が進化しました。こうしてひも、ロープは、家庭生活、レジャー、作業現場など、あらゆる分野でなくてはならない道具となっていったのです。

それらを扱うための結び方も、ますます多種多様になってきました。しかし近年では、今までロープに頼っていた作業に新しい資材も現れ、その方法も変化してきたようです。とくに梱包作業においては、人の手を煩わせることなく、簡便に素早く大量の作業をこなせる道具とマシーンが現れて、手作業にとって代わりました。竹垣もコンクリートブロックやアルミ製のフェンスに替わり、また木材や竹などを組み合わせてロープで結んでいた建築用足場などにも、金属製のパイプと接続金具というように時代は進歩してきました。その結果、各分野で工夫していた結び方も、残念ながら少しずつ忘れられていくようになってしまいました。

しかし、いわば第一線から退いたロープと結びですが、それらが活用される新しい場が出てきました。最近ではアウトドアスポーツと呼ばれる戸外でのキャンプを含めたレジャーが盛んになってきましたし、趣味としての手芸や贈答品の飾りなどのように、手作りの温かみをたいせつにした分野で、再び結びは重要視され、活躍し始めています。

基本的な結びから、状況に応じて優れた性質を発揮する結び、そして複雑で高度な結びへと、段階を追って手順を覚えていくにつれ思いのほか感心することが多く、結びの楽しさにのめり込んでしまいます。

こうした結びの種類は、次のように大別することができます。

第一は、ロープの端を結ぶときに用いられるもので、「ひとえ結び」や「8の字結び」などのような基本結びがあります。実用以外にも装飾を目的としたものもあります。そのほかには、ロープの端にループを作るという結びもこの種類に入るでしょう。このように一本のロープの端には、用途に合わせた数多くの結びがあります。

第二は、ロープ同士を繋《つな》ぎ合わせる結びです。大きなループが必要なときには、ロープの端をそのロープ自身に結びつけるもの、また複数ロープの端同士を繋ぎ合わせて延長する結びなどがあります。しっかりと結びたいとき、一時的に繋ぎ合わせたいとき、また引っ張ったときの緩衝の役目をする結びなどなど、さまざまなバリエーションがあるのもこの繋ぎ結びの特徴です。これらの代表例として、「シートベンド」や「本結び(リーフノットまたはスクエアノット)」などはよく知られています。

第三には、柱や柵など、そのほかさまざまな対象物に結びつける結びです。実用的な用途としては一番多く使われる結びだと思います。「クラブヒッチ(とっくり結び)」のように、締めれば締めるほどしっかり留まる結びや、「もやい結び(ボーラインノット)」のように、解きやすい結びなどが基本になります。

本書は以上のようなレジャーや日常生活で使われる実用結びを中心に、趣味の装飾結びを交えて、結び方の手順、用途、性質など、イラストを用いて説明しています。また、付録のDVDでは、結び方の実際を映像によってわかりやすく再現しました。

本書をガイドとして、実物のロープを用いて練習を重ね、人類の知恵の結晶である『結び(ロープワーク)』を生活に取り入れていただければ幸甚です。

国方 成一

DVDコンテンツの紹介

**本書で紹介している結び方のうち、とくに基本的な結び方であるチャプター1～5まで、各8つずつ(チャプター3は4つ)抜き出して実演し、DVDに収録しています。
DVDで紹介されている結び方は、すべて2台のカメラで同時に撮影されています。
2つのアングルから結び方の手順を確認することによって、より理解を深めることができると思います。
ぜひご活用ください。**

DVD chapter 1-1

ひとえ結び

アングル❶

アングル❷

DVD chapter 1-1 ロープの端の結び方

① ひとえ結び
② ひとえ結びを2度回す
③ 8の字結び
④ 8の字結びを2度ひねる

DVD chapter 1-2 ロープの端の結び方

⑤ ヒービングラインノット
⑥ ヒービングラインノットの応用
⑦ ツィーニー
⑧ オイスターマンズノット

DVD chapter 2-1 ロープの輪の作り方[1]

⑨ オーバーハンドループ
⑩ フィギュアエイトループ
⑪ トライアングルノット
⑫ ラインマンズループ

DVD chapter 2-2 ロープの輪の作り方[1]

⑬ バイトループ
⑭ ダブルハーネスループ
⑮ アングラーズループ
⑯ ミドルマンズノット

DVD chapter 3 もやい結びの仲間

⑰ もやい結び
⑱ スパニッシュボーライン
⑲ フレンチボーライン
⑳ ボーラインオンザバイト

DVD chapter 4-1　ロープの輪の作り方［2］

㉑ ヌースノット
㉒ ダブルヌースノット
㉓ 投げ縄結び
㉔ ハングマンズノット

DVD chapter 4-2　ロープの輪の作り方［2］

㉕ わなもやい
㉖ ジャムヒッチ
㉗ シープシャンク（1）
㉘ シープシャンク（2）

DVD chapter 5-1　2本のロープの繋ぎ方

㉙ シートベンド
㉚ ダブルシートベンド
㉛ オーバーハンドベンド
㉜ イングリッシュノット

DVD chapter 5-2　2本のロープの繋ぎ方

㉝ 本結び
㉞ バーレルノット
㉟ ハウザーベンド
㊱ ダブルオーバーハンドベンド

DVDの操作法

◎DVDをプレーヤーにセットすると、オープニング画面が数秒間再生されたあと、自動的にメニュー画面が表示されます。
◎メニュー画面が表示されてから、そのまま決定ボタンを押すと、自動的にオールプレイ再生になります。
◎メニュー画面から各チャプターへ直接アクセスするときは、プレーヤー本体またはリモコンの十字ボタンを操作して行ってください。
◎メニュー画面から各チャプターへ直接アクセスした場合、そのチャプターの再生が終わると、再びメニュー画面が表示されます。
◎本編再生中にメニュー画面を呼び出すときは、プレーヤー本体またはリモコンのメニューボタンを押してください。

〈本書付録DVDビデオ〉をご使用になる前に

■使用上のご注意
○ビデオは、映像と音声を高密度に記録したディスクです。必ずDVDビデオ対応のプレーヤーで再生してください。
○各再生機能については、ご使用になるプレーヤーおよびモニターの取扱説明書をご参照ください。
○一部プレーヤーで作動不良を起こす可能性があります。その際は、プレーヤーのメーカーにお問い合わせください。
○暗い部屋で画面を長時間見続けることは、健康上の理由から避けてください。また小さなお子様の視聴は、保護者の方の管理下で行ってください。

■取り扱い上のご注意
○ディスクは非常に高速で回転して再生されます。ディスクの両面とも、鉛筆、ボールペン、油性ペンなどで文字や絵を書いたり、シールなどを貼らないでください。
○ディスクは両面とも、指紋、汚れ、傷などをつけないように取り扱ってください。
○ディスクが汚れたときは、メガネ拭きのような柔らかい布を軽く水で湿らせ、内側から外周に向かって放射線状に軽く拭き取ってください。
○レコード用クリーナーや溶剤、静電気防止剤やスプレーなどの使用は、ひび割れの原因となることがありますから使用しないでください。
○使用後は必ずプレーヤーから取り出してDVD専用ケースに収め、直射日光が当たる場所や高温多湿な場所を避けて保管してください。
○ディスクの上に重いものを置いたり落としたりすると、ひび割れや変形の原因になります。
○ひび割れや変形または接着剤などで補修されたディスクは非常に危険ですから、絶対に使用しないでください。

■そのほかのご注意

chapter 1

ロープの端の結び方

【「結ぶ」「繋ぐ」「縛る」のうち最も基本となるテクニック】

ひとえ結び（オーバーハンドノット）

DVD chapter 1-1

これ以上簡単な結びはほかにはなく、基本ではあるけれど、この結びが使われている個所は少なくありません。細いロープの端止めの代わりにちょっとこの結びをしておけば、ロープのほつれを止めることができ、これがコブとなってロープの抜け防止になったり、または握り手となったりと簡単な割には用途が広いのです。ただし端止めとして使った場合は逆にこのコブが引っかかってしまい、ロープの使い勝手が悪くなる場合もあります。

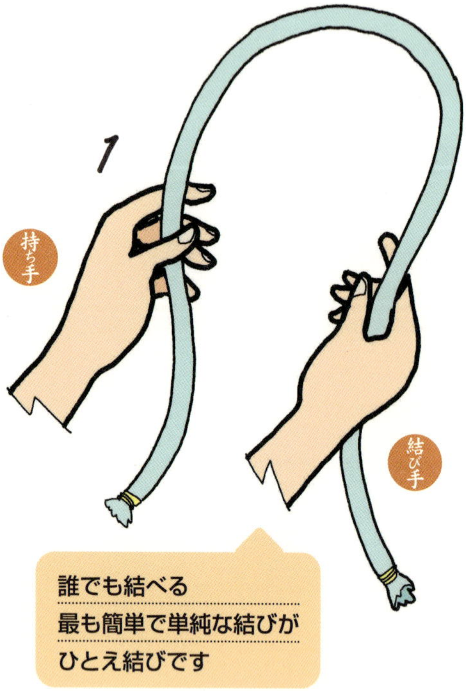

誰でも結べる
最も簡単で単純な結びが
ひとえ結びです

持ち手のロープ中腹に輪を作り、
結び手のロープ端部を
輪に巻きつけるようにして中に通します

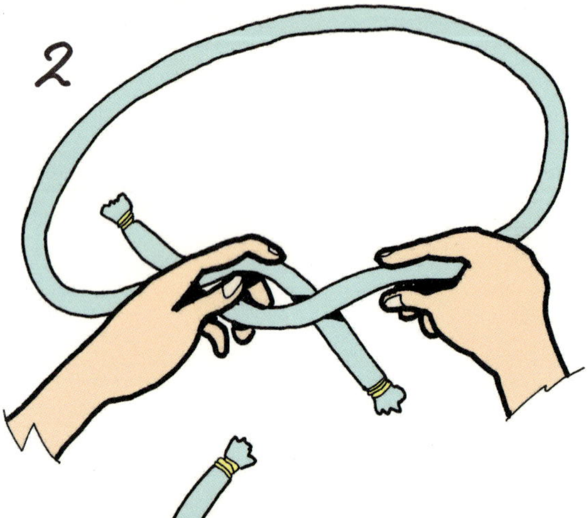

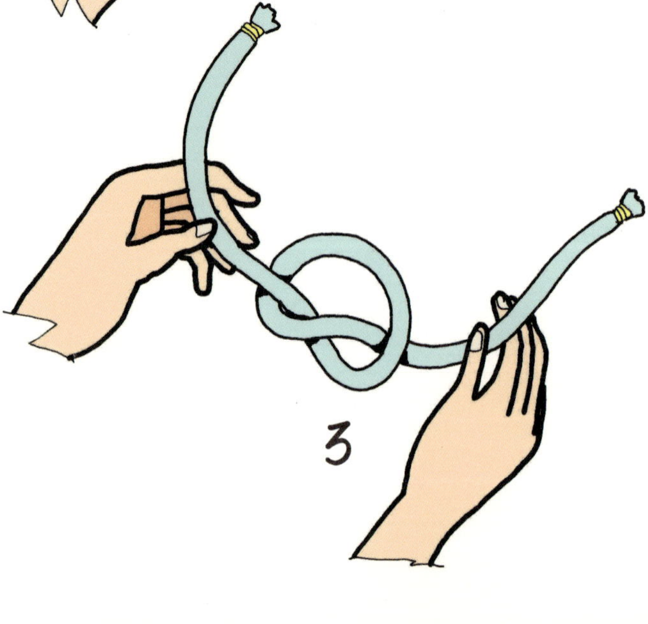

ひとえ結びは
解けそうなロープの
即席の端止めとしても
使われますが、
ロープの使い勝手は
悪くなります

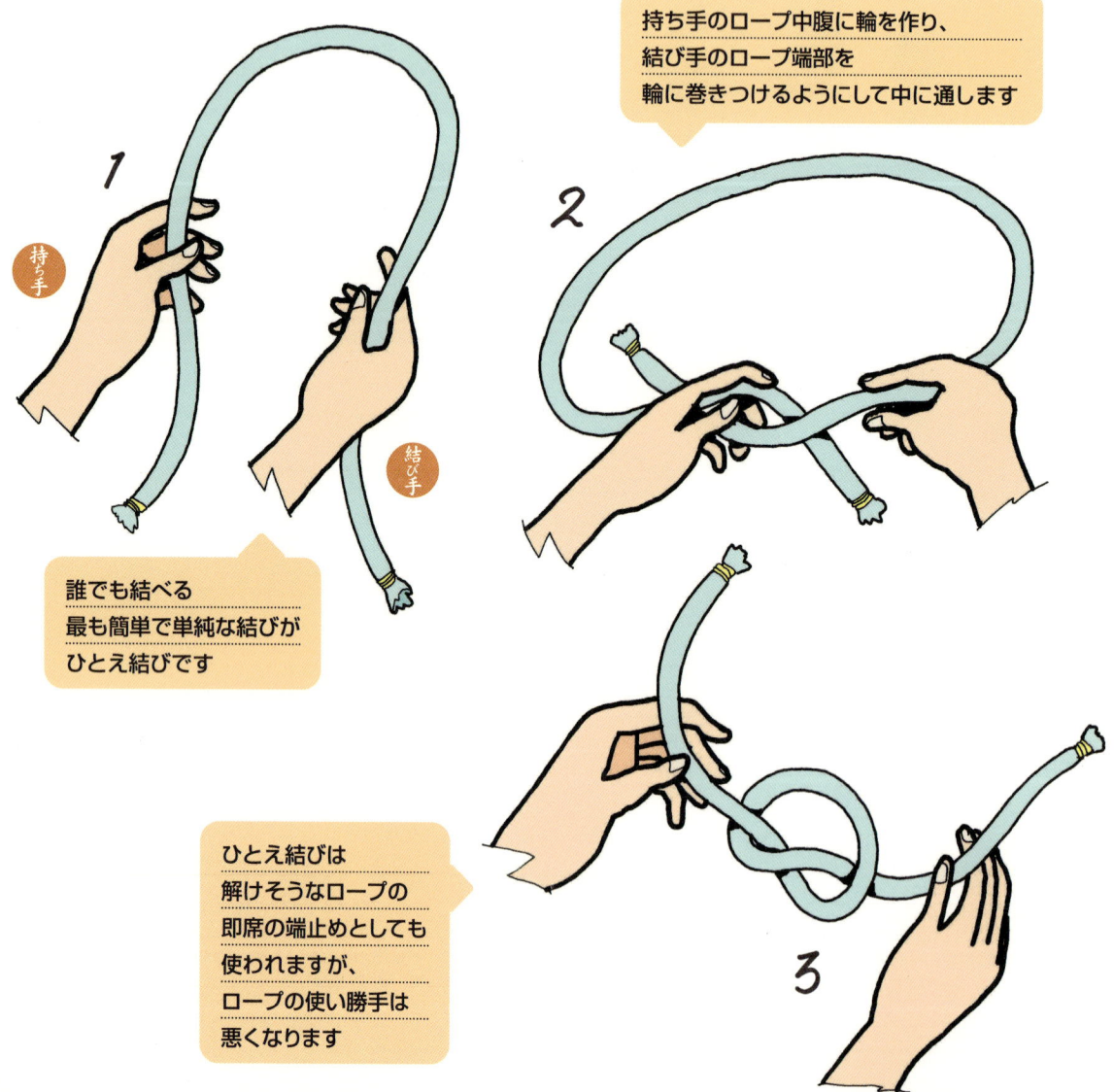

1 ひとえ結び
2 ひとえ結びを2度回す

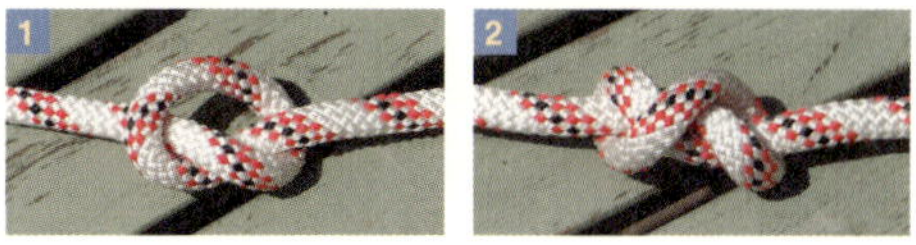

ひとえ結びを2度・3度回す

DVD chapter 1-1

(ダブルオーバーハンドノット/スリーフォールドオーバーハンドノット)

ひとえ結びで作ったコブをさらに大きくしたいときに、この結びは最適です。たった1回ロープをさらに回しただけで、ひとえ結びと比べて一段と結び目らしく見えるのはおもしろいことです。セーリングヨットなどで抜け防止のコブとして使われる結び方は8の字結びの方が多いのですが、ロープの太さによってはこの結び方のほうが結びやすい場合があります。結び目から飛び出るロープの長さをうまく調節しましょう。

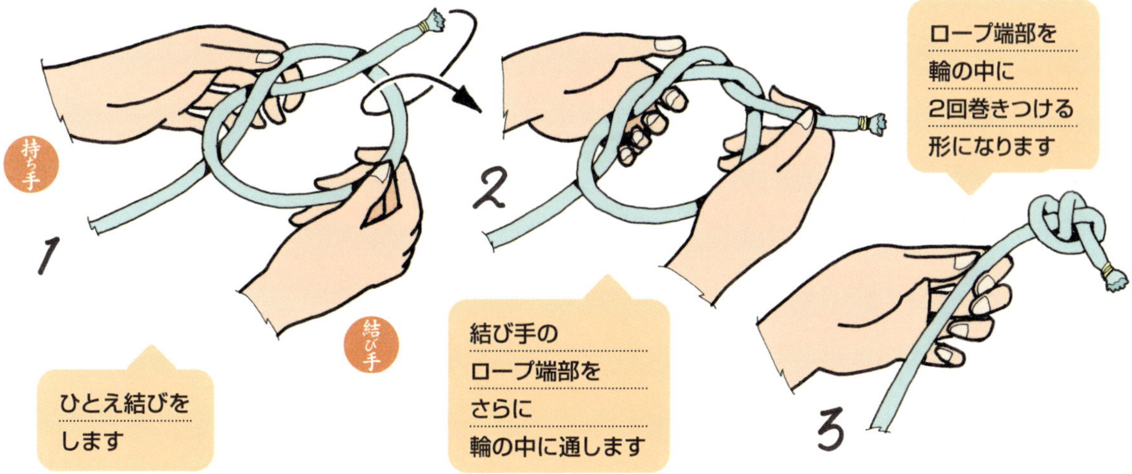
持ち手
結び手
1
2
3
ひとえ結びを
します
結び手の
ロープ端部を
さらに
輪の中に通します
ロープ端部を
輪の中に
2回巻きつける
形になります

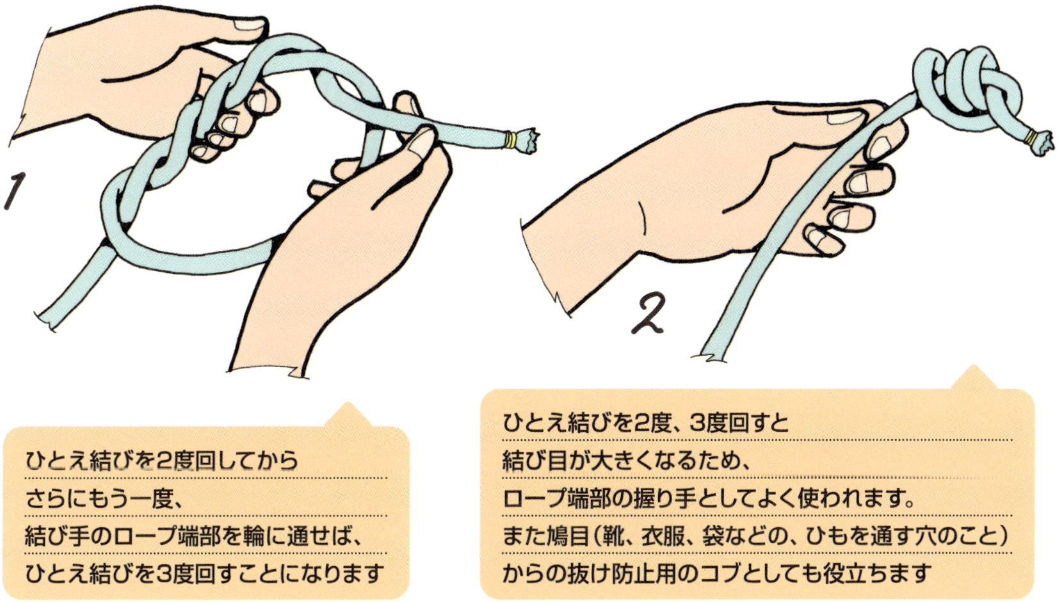
1
2
ひとえ結びを2度回してから
さらにもう一度、
結び手のロープ端部を輪に通せば、
ひとえ結びを3度回すことになります
ひとえ結びを2度、3度回すと
結び目が大きくなるため、
ロープ端部の握り手としてよく使われます。
また鳩目(靴、衣服、袋などの、ひもを通す穴のこと)
からの抜け防止用のコブとしても役立ちます

chapter 1 ロープの端の結び方

【「結ぶ」「繋ぐ」「縛る」のうち最も基本となるテクニック】

8の字結び（フィギュアエイトノット）

DVD chapter 1-1

初歩的な結びのうち、最も美しい結び目をしたものとして筆頭に挙げられます。用途は2度回したひとえ結びと似通っていますが、より解きやすく、手順に馴れるとより素早く結ぶことができるようになります。アウトドアスポーツでは一番ポピュラーな結びとして、先輩などから最初に教えてもらう結びのひとつです。「輪をひとひねりしてから、ロープを差し込む」、この手順をスマートにできるまで練習しましょう。

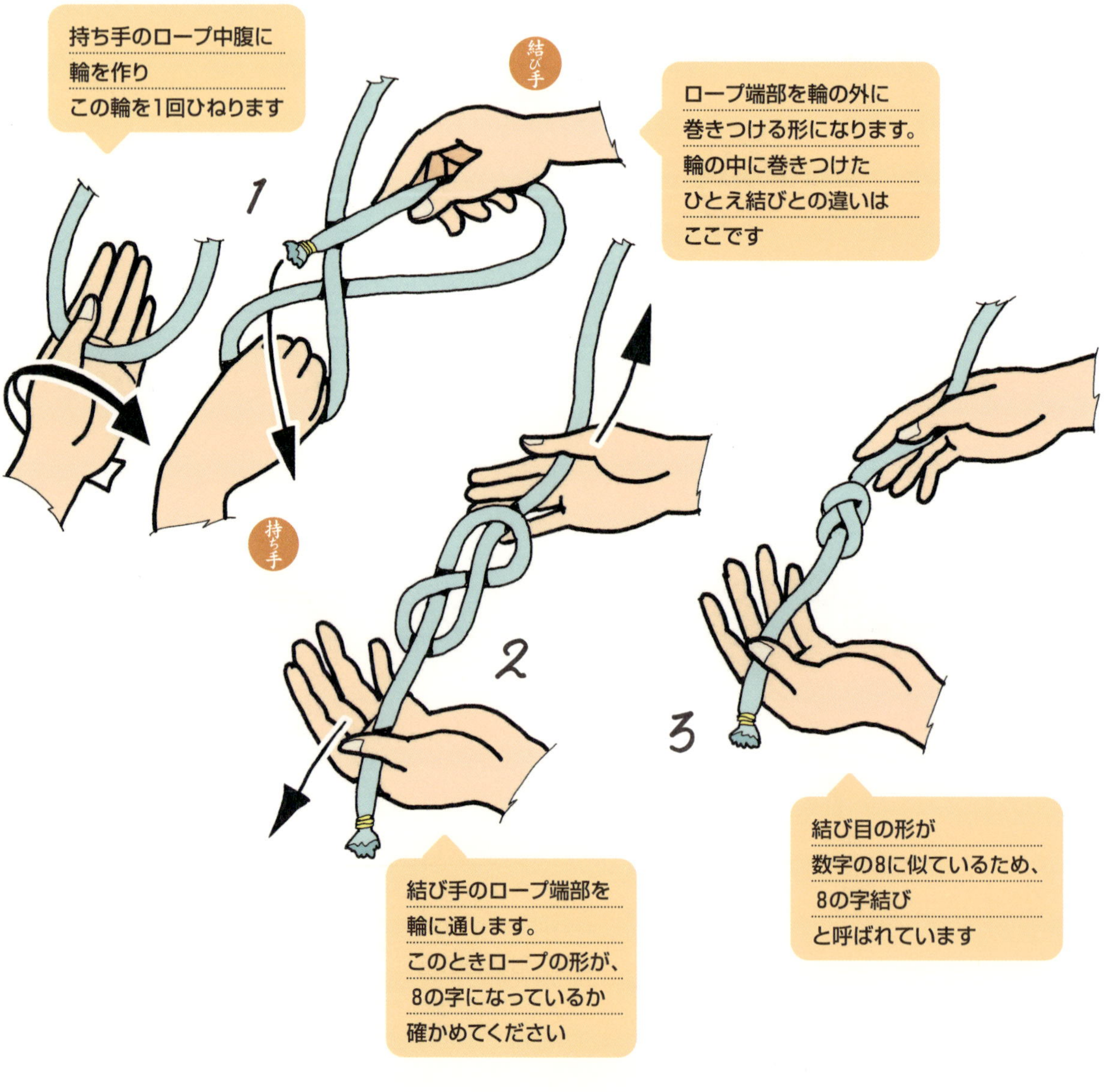

持ち手のロープ中腹に
輪を作り
この輪を1回ひねります
結び手
1
ロープ端部を輪の外に
巻きつける形になります。
輪の中に巻きつけた
ひとえ結びとの違いは
ここです
持ち手
2
3
結び手のロープ端部を
輪に通します。
このときロープの形が、
8の字になっているか
確かめてください
結び目の形が
数字の8に似ているため、
8の字結び
と呼ばれています

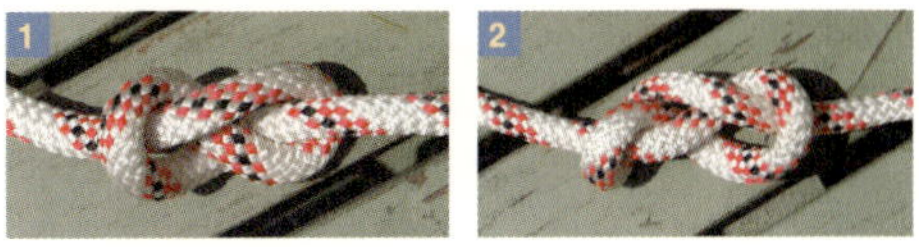

1
2

❶ 8の字結び
❷ 8の字結びを2度ひねる

8の字結びを2度ひねる(インターメディエイトノット)

DVD chapter 1-1

ひとえ結びを2度、3度回したように、この8の字結びでも2度、3度と輪をひねってから結んで、結び目をさらに大きくすることもできます。ちなみに8の字結びを3度ひねることを「ステヴェドアズノット」と呼びます。ロープワークでは、結び目の形の美しさはもちろんのこと、素早く結べることも重要です。手先がもたつくことなくスムーズに動くようになれば、結ぶことが面倒でなくなり、いざというときに役立つのです。

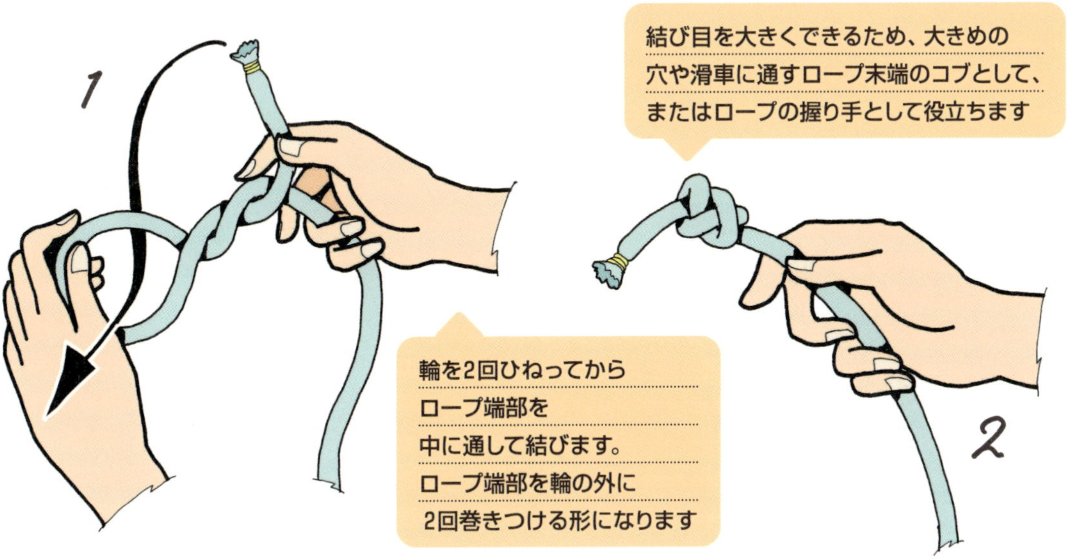

1
結び目を大きくできるため、大きめの
穴や滑車に通すロープ末端のコブとして、
またはロープの握り手として役立ちます
輪を2回ひねってから
ロープ端部を
中に通して結びます。
ロープ端部を輪の外に
2回巻きつける形になります
2

COLUMN 01

基本的な三つ編みの仕方

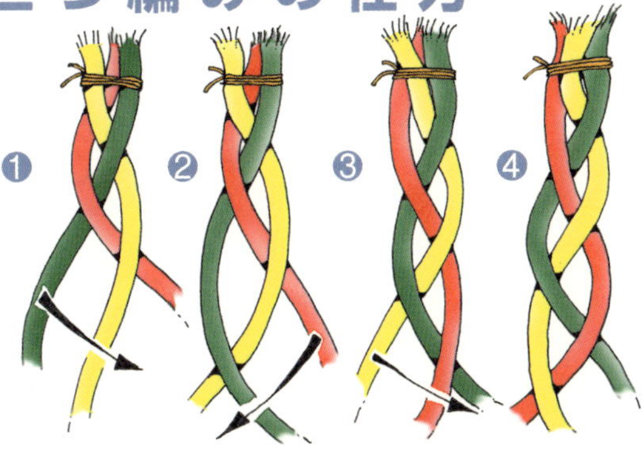

❶
❷
❸
❹

長い髪の毛を三つ編みにする方法としておなじみの結びです。装飾的な結びとしてばかりでなく、細いロープの強度を増すため、このように編んで太いロープとして使用することもあります。

ヒービングラインノット

DVD chapter 1-2

ヒービングラインノットは「投げ結び」とも呼ばれています。ロープの端に重い結び目を作って、その端を遠くまで渡すときに最適だからです。ひとえ結びや8の字結びでは、ロープを回したりひねったりする回数が限られてしまいますが、この結びでは何度ロープを巻きつけても、無理なく結ぶことができます。つまり結び目の大きさや重さを調節するときに、より自由度が高いということです。握り手としてもまさに最適といえます。

握り手としてだけではなく、
ロープを遠くの相手に
投げて渡すときにもよく使われます。
ロープの長さと重さを、
ロープの端にまとめることができるからです

結び手のロープ端部を
ロープの折り目の中に
通します

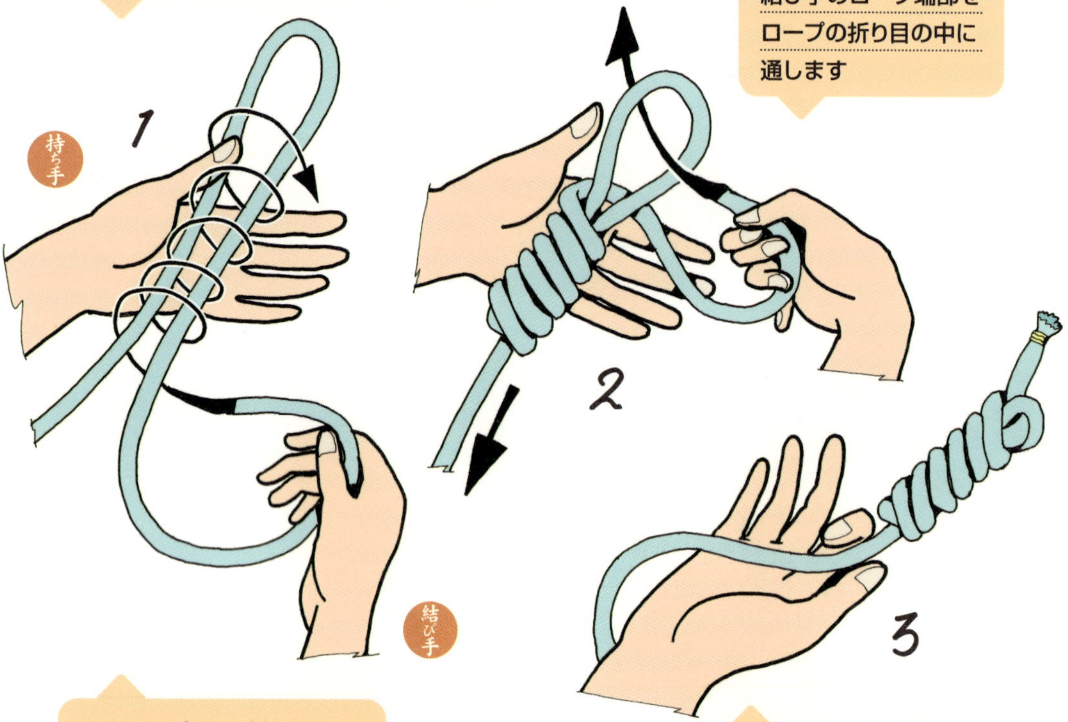

まずロープを2つ折りにして、
そこに結び手のロープ端部を
数回巻きつけていきます

持ち手のロープ中腹を引っ張って、
ロープの折り目を締めると完成です。
ロープ端部を巻きつける回数によって
握り手の長さを調節できます

1 ヒービングラインノット
2 ヒービングラインノットの応用

ヒービングラインノットと同じように
重い結び目を作ることができます。
二つ折りにしたロープに、
ロープ端部をジグザグにかけていきます

結び目の幅が広くできるため、
握り手としてもしっくりする
用途の広い結びです

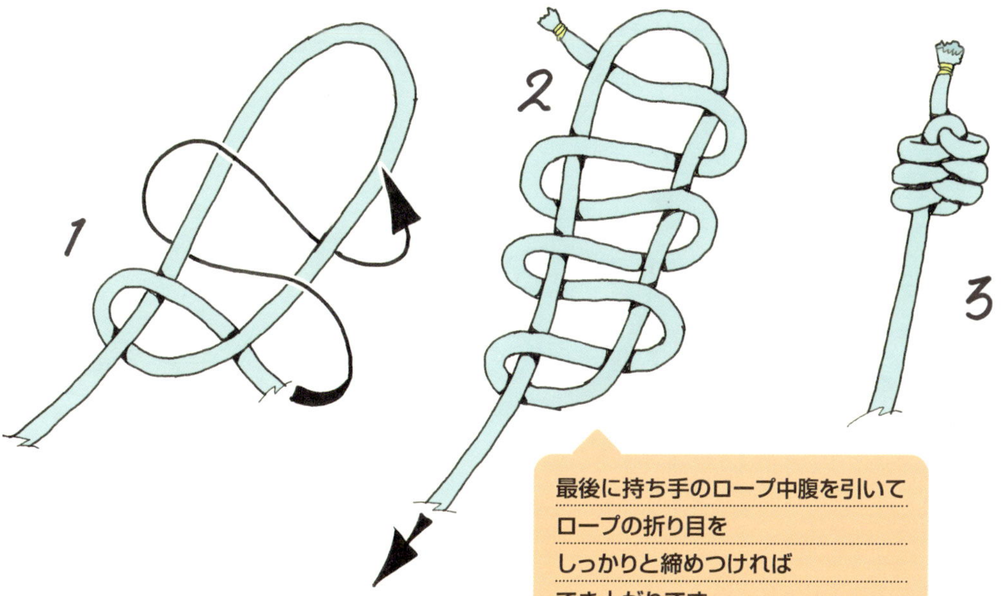

最後に持ち手のロープ中腹を引いて
ロープの折り目を
しっかりと締めつければ
でき上がりです

COLUMN 02

蝶ネクタイの締め方

最近ではあらかじめ結んであって、フックをかけるだけの製品も発売されていますが、正しい蝶ネクタイの締め方を知っていてもよいでしょう

chapter 1

ロープの端の結び方

【「結ぶ」「繋ぐ」「縛る」のうち最も基本となるテクニック】

ツィーニー

DVD chapter 1-2

ロープの端にコブを作る変わり種としてこの結びがあります。手順はいたって簡単で、ひとえ結びの最後の手順に、ちょっと工夫を加えただけのものです。たったそれだけですが、仕上がりの結び目はひとえ結びとひと味違ったフォームになります。ひとえ結びと同じようにロープの抜け防止用のコブとして使えますから、身近な鳩目(靴、衣服、袋などの、ひもを通す穴のこと)で試してみるとおもしろいでしょう。

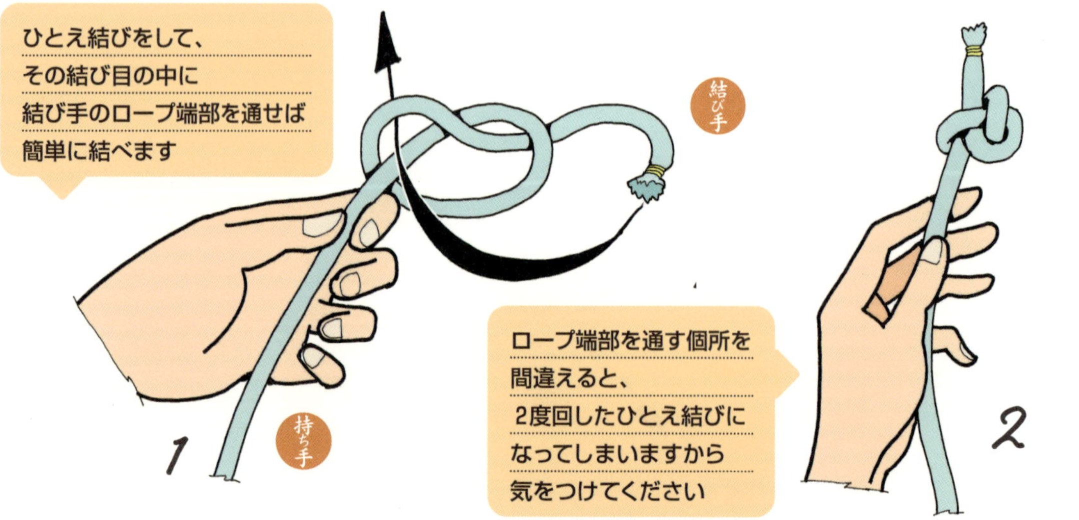

ひとえ結びをして、
その結び目の中に
結び手のロープ端部を通せば
簡単に結べます
結び手
持ち手
1
ロープ端部を通す個所を
間違えると、
2度回したひとえ結びに
なってしまいますから
気をつけてください
2

COLUMN 03

飾り結びのいろいろ［1］

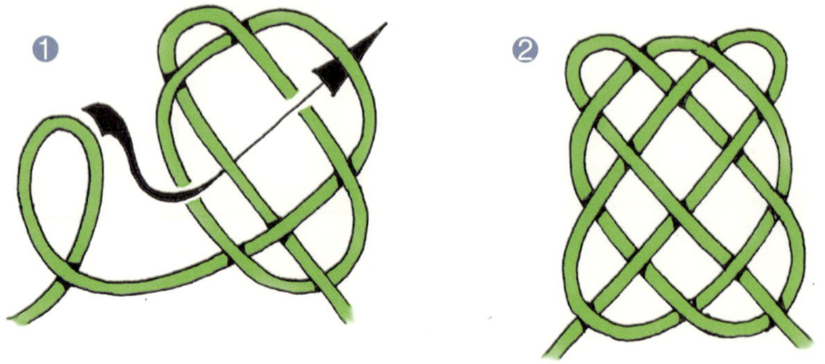

①
②

平面的な飾り結びの基本パターンです。これらの基本パターンを組み合わせれば、さまざまな飾り結びの装飾品をつくることができます

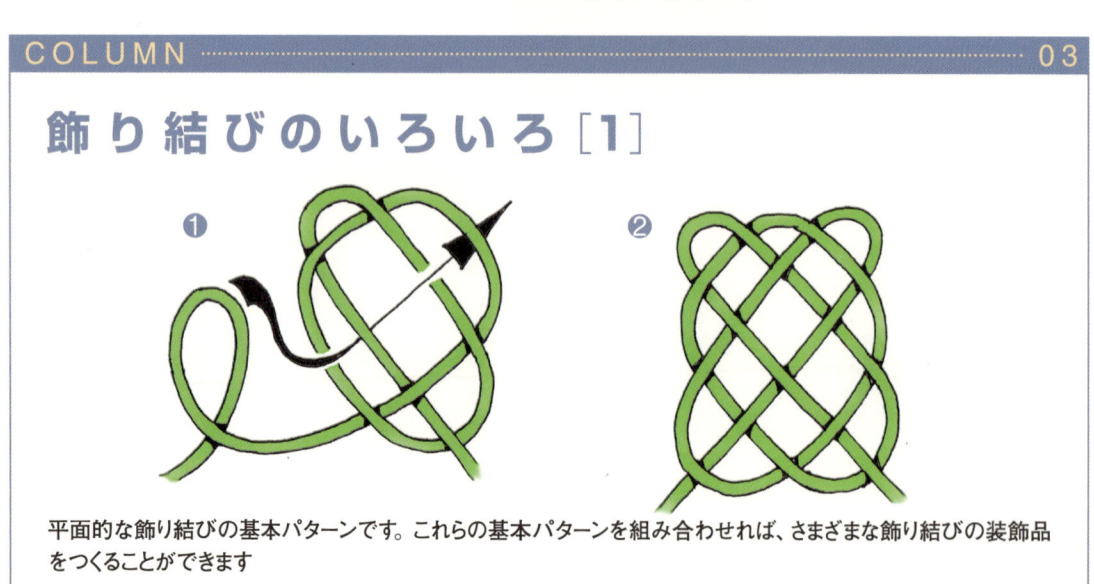

1 ツィーニー
2 オイスターマンズノット

オイスターマンズノット

DVD chapter 1-2

この結びはできあがりのフォームがおもしろく、装飾結びとしても使えるものです。もちろん実用面でもしっかりしています。多少手順が複雑に見えますが、最初に作る輪の裏表に気をつければ意外と手順は簡単です。結び手のロープと持ち手のロープを入れ替えて、結び手のロープを折り返してロープ中腹でひとえ結びをしてから、ロープ端部をロープの折り目に入れても結ぶことができます。手順に慣れたら、この方法でも試してみましょう。

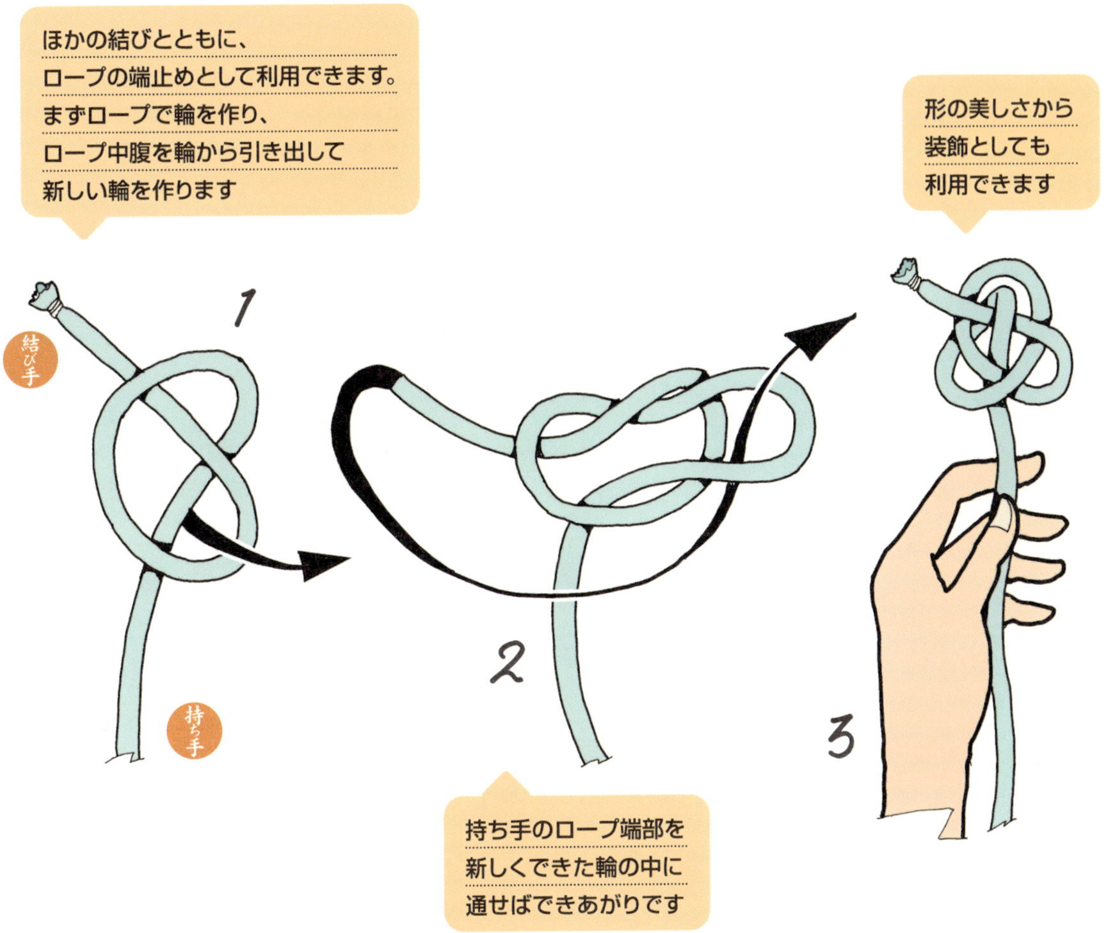
ほかの結びとともに、
ロープの端止めとして利用できます。
まずロープで輪を作り、
ロープ中腹を輪から引き出して
新しい輪を作ります
形の美しさから
装飾としても
利用できます
1
結び手
2
3
持ち手
持ち手のロープ端部を
新しくできた輪の中に
通せばできあがりです

chapter 2

ロープの輪の作り方［1］

【作ったあとで輪の大きさが変わらないループ作りのテクニック】

オーバーハンドループ

DVD chapter 2-1

ひとえ結び同様、説明することさえ必要ないほど簡単な結びですが、結び目は非常にしっかりしたもので広範囲に使うことができます。2つ折りしたロープでただひとえ結びをすれば簡単にできますが、結び目のロープ端部を長めにして一度ひとえ結びをしてから、その結び目通りにロープを引き返していく方法もあります。この結び方はテクニックを上達させるのにちょうどよいトレーニングになります。ぜひチャレンジしてみましょう。

ループを作る結びのうち最も簡単なもので、ロープを2つ折りにしてひとえ結びをするだけで簡単にできあがります

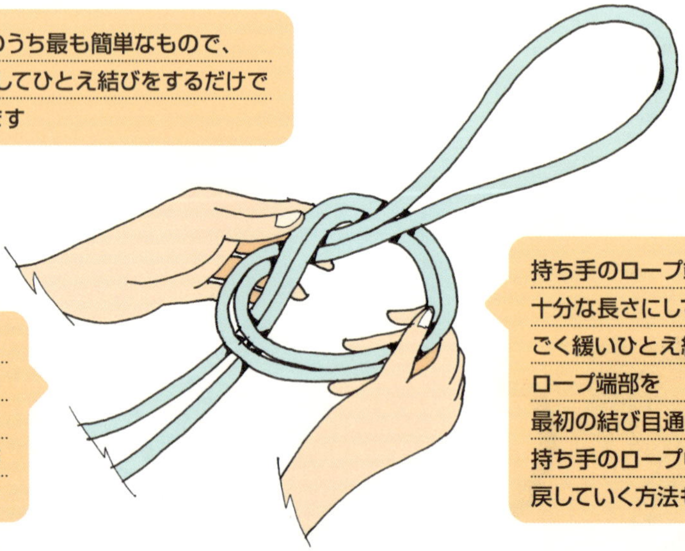

単純な結びですが、あとで解くのに苦労するほどしっかり結ぶことができます

持ち手のロープ端部を十分な長さにしてごく緩いひとえ結びをしてから、ロープ端部を最初の結び目通りに引き返して持ち手のロープ中腹まで戻していく方法もあります

COLUMN 04

飾り結びのいろいろ［2］

❶

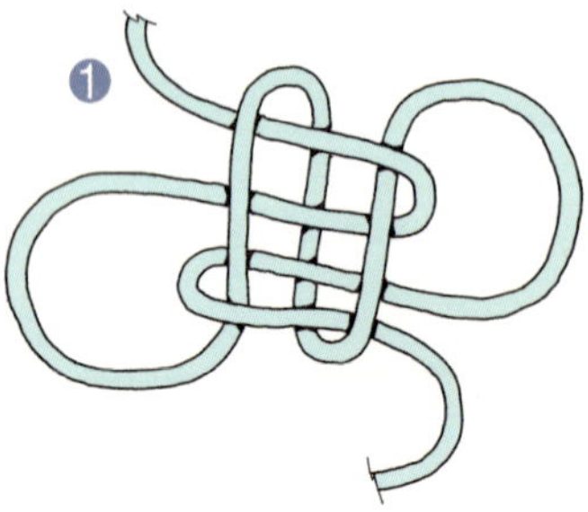

❷

簡単な飾り結びもそれを組み合わせることによって、美しい連続パターンや豪華なものへと発展していきます。この結びも花びらをイメージできる基本の結びですが、結ぶひもを2本にしたり次々と結んでいくことによって、楽しい飾りができそうです。

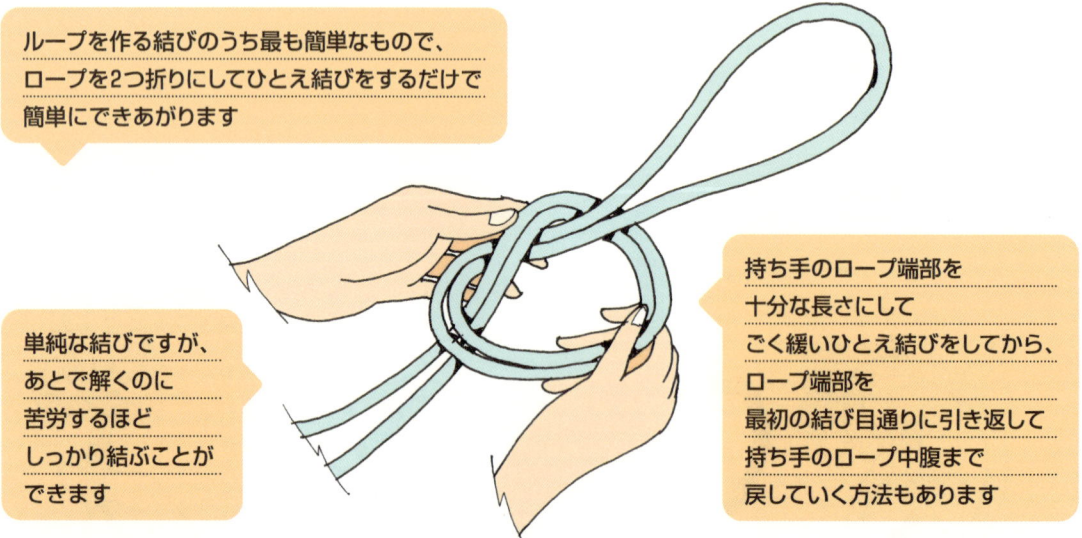

■ オーバーハンドループ
■ フィギュアエイトループ

フィギュアエイトループ

DVD chapter 2-1

手順が比較的簡単で結び目もしっかりしたものですが、結び目が大きくなってしまうことが気になる結びです。この結びも2つ折りにしたロープで8の字結びをすれば簡単にできますが、オーバーハンドループ同様、結び手のロープを長めにして一度8の字結びをしてから結び目通りにロープを戻していくという手順に挑戦してみましょう。ふたえ止め結びと違って一度輪をひねっているので、戻し方を間違えてしまうかもしれません。

ロープを2つ折りにして
8の字結びをしても簡単にできますが、
結び手を長めにして
緩く8の字結びをしてから、
結んでいく方法もあります

輪が解けにくく
信頼性の高い結びなので、
日常生活で使う場面は
随所にあります

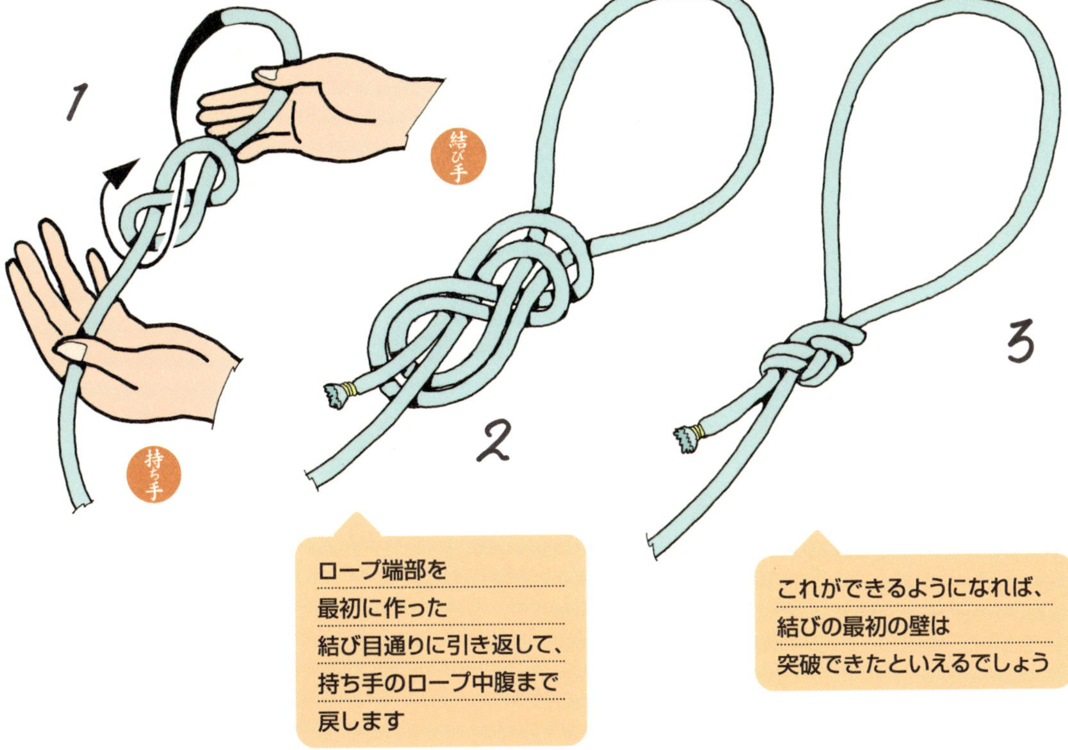

ロープ端部を
最初に作った
結び目通りに引き返して、
持ち手のロープ中腹まで
戻します

これができるようになれば、
結びの最初の壁は
突破できたといえるでしょう

chapter 2

ロープの輪の作り方［1］

【作ったあとで輪の大きさが変わらないループ作りのテクニック】

トライアングルノット

DVD chapter 2-1

2つの輪が左右きれいに開いて、輪の大きさが勝手に締まってしまうことがありません。さらに結び目が美しいので、これを利用してちょっと目新しいインテリアに挑戦してみてはどうでしょう。ただし結び目の裏表には注意してください。結び目はしっかりしているため実用的な用途でも利用価値があります。一見手順が複雑に見えますが、2組の2つ折りとロープ中腹の三つ又の基部をしっかりと保てば、割と簡単に結ぶことができます。

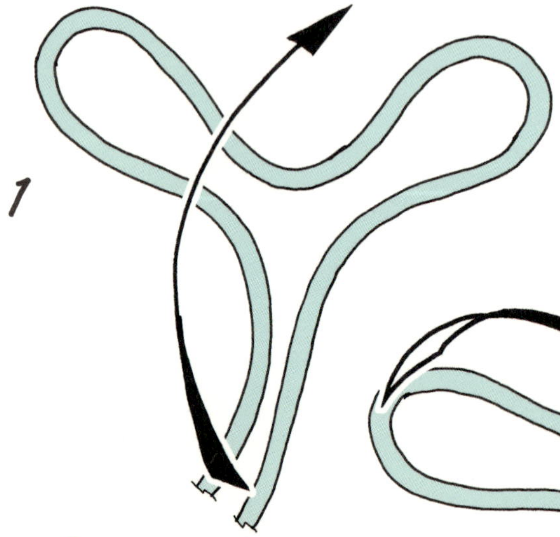

装飾としても使える結びです。ロープ中腹を引き出して2カ所で2つ折りにします

三つ又の基部とロープ中腹で輪を作ります

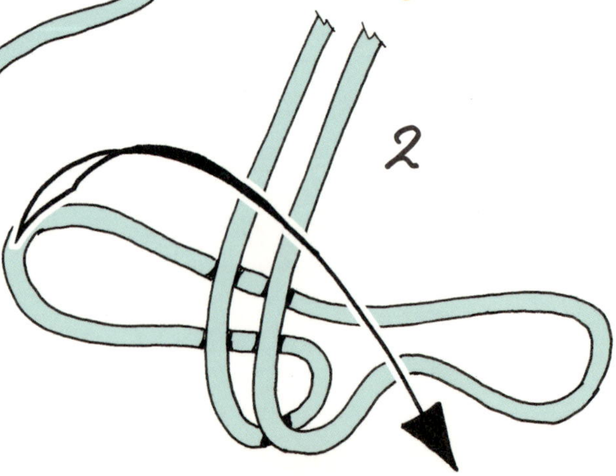

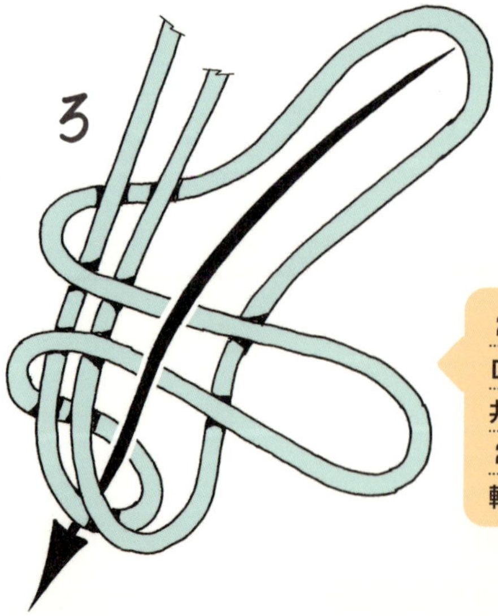

2つ折りのロープ2組とロープ中腹を井桁状にかけていき、2つ折りしたロープのうち1組を輪の中に通します

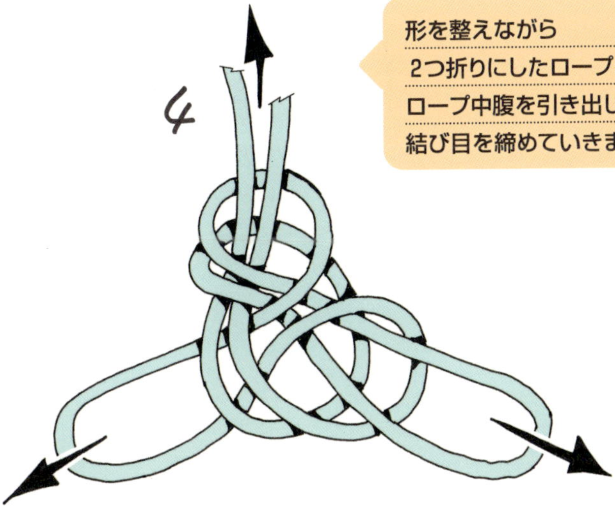

形を整えながら
2つ折りにしたロープ2組と
ロープ中腹を引き出して
結び目を締めていきます

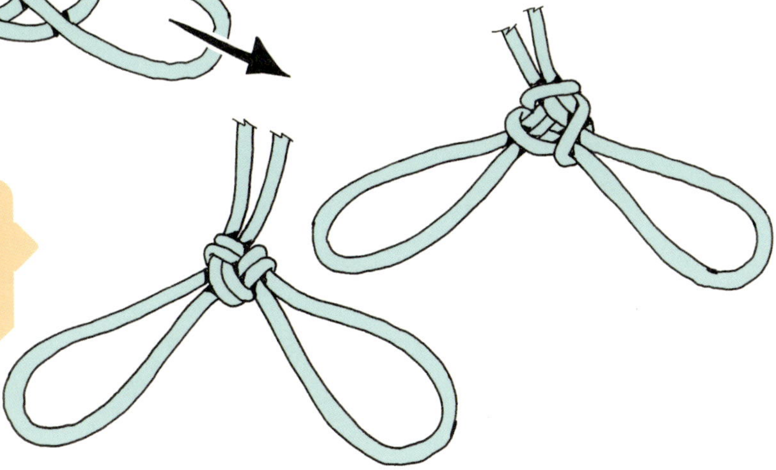

結び目は
しっかりしています。
2つのループをうまく使えば
多くの場面で利用できます

COLUMN 05

飾り結びのいろいろ［3］

この2つの飾り結びは似ていますが、じつは違う結びです。どちらも平たいベルトのように仕上がりますから、その特徴を生かした飾り結びに向いています。

chapter 2

ロープの輪の作り方[1]

【作ったあとで輪の大きさが変わらないループ作りのテクニック】

ラインマンズループ

DVD chapter 2-1

ループを作る結びの代表格ともいえるもので、２つ折りのロープをひねって結ぶために結び目は大きくなりますが、しっかりした結びです。またロープ端部を使わず、ロープ中腹を引き出しただけで結べるためとても便利です。ロープ全長のうち必要なところへどこへでもループを作ることができるからです。左右両端のロープを引っ張っても、輪の大きさが勝手に締まってしまうことはありません。

ラインマンズループは、
ループを作る結びの
代表格ともいえるものです。
まずはロープ中腹を引き出して
大きな輪を作ります

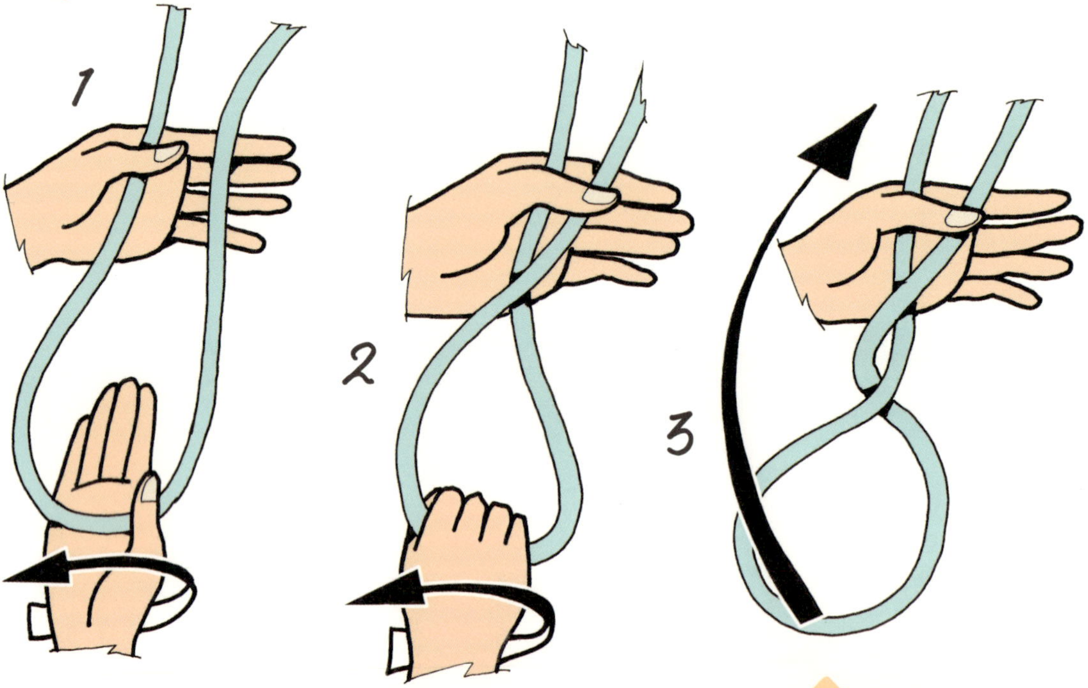

軽く2回ひねって、
上下真ん中に
新しい輪を作ります

ループを上に
引き上げます

上に引き上げた輪を
真ん中の
輪の中に通します

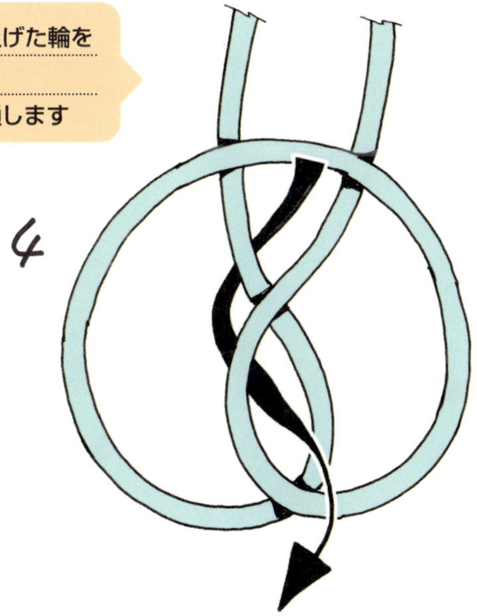

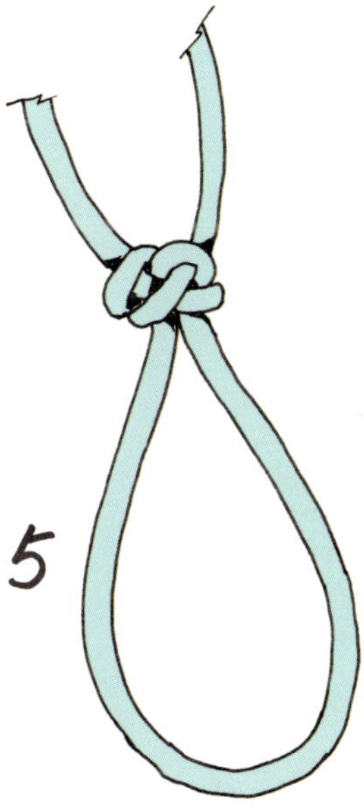

ひねった分だけ
結び目が大きくなりますが、
とてもしっかりした結びです

COLUMN 06

飾り結びのいろいろ［4］

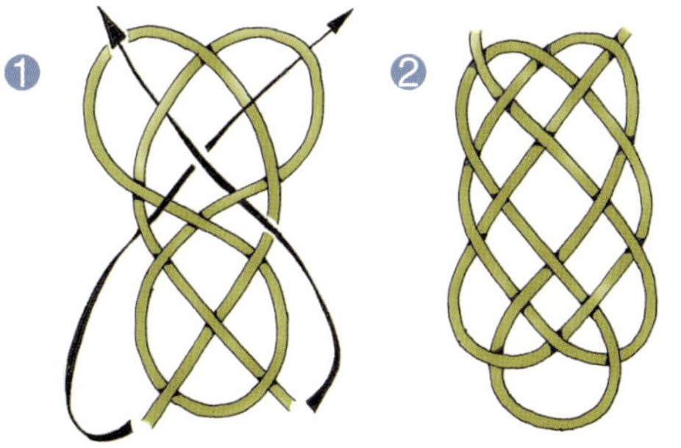

平面を構成していく結びは、単に飾りだけでなく実用にも向いています。例えば足マットやコースターというように、日常生活にも使えます。この結びも基本のパターンに沿って、2重もしくは3重にロープを戻してくるだけで平らなマットに編み上がります。

chapter 2 ロープの輪の作り方[1]
【作ったあとで輪の大きさが変わらないループ作りのテクニック】

バイトループ　DVD chapter 2-2

手順が難しく見えますが、ロープを重ねる形を正しく作れば、あとは簡単にできます。ポイントは最初の手順、一度ロープを重ねて輪を作ったら、ロープが交差している個所を持ち手でしっかりと持つことです。すると結び手を自由に動かすことができて、ロープを重ねていくことが苦ではなくなります。そして最後の手順、輪を輪の中に通して結び目を作るテクニックは、ほかの結びでもたくさん応用されているものです。

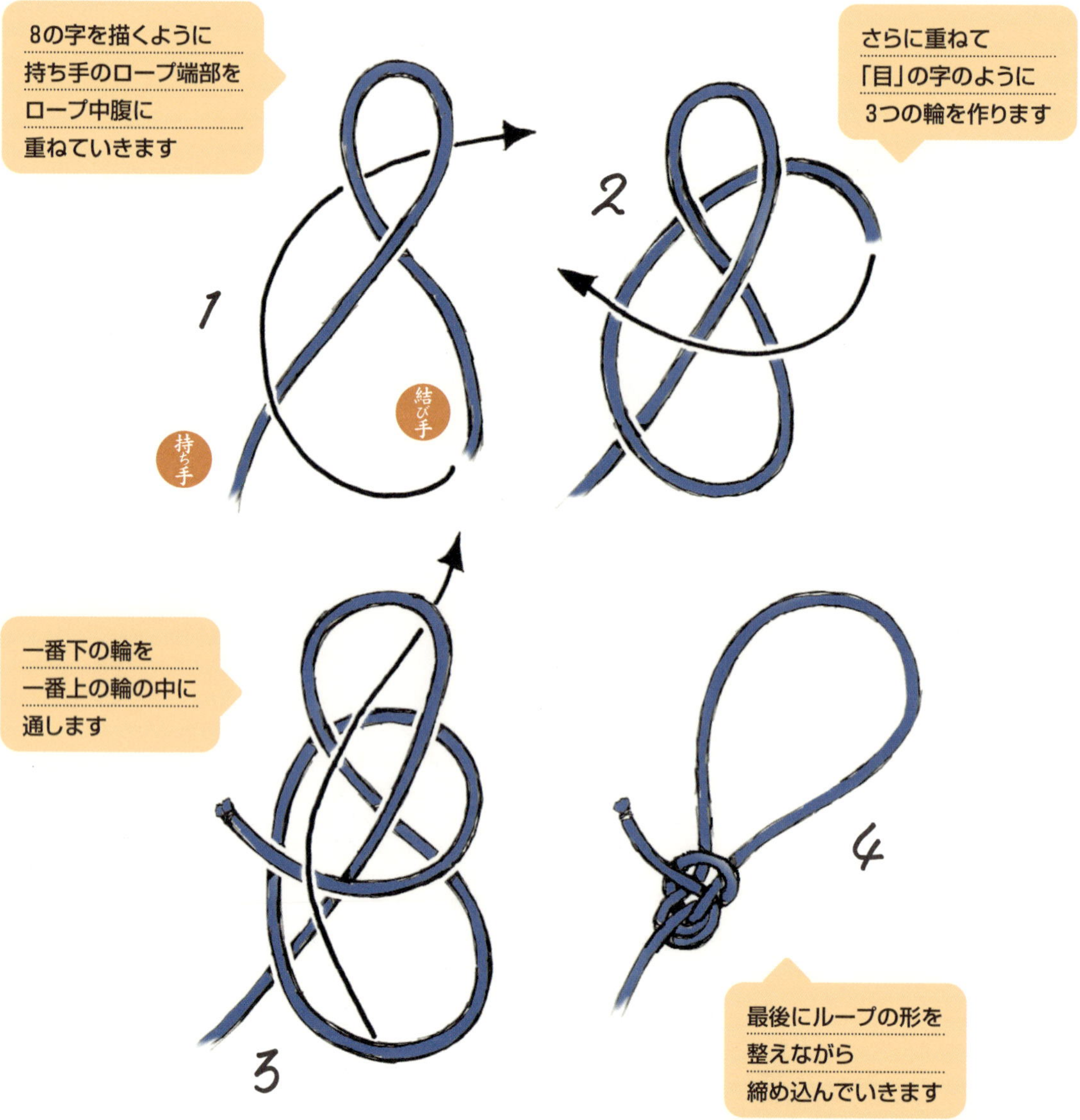
8の字を描くように
持ち手のロープ端部を
ロープ中腹に
重ねていきます
1
持ち手
結び手
2
さらに重ねて
「目」の字のように
3つの輪を作ります
一番下の輪を
一番上の輪の中に
通します
3
4
最後にループの形を
整えながら
締め込んでいきます

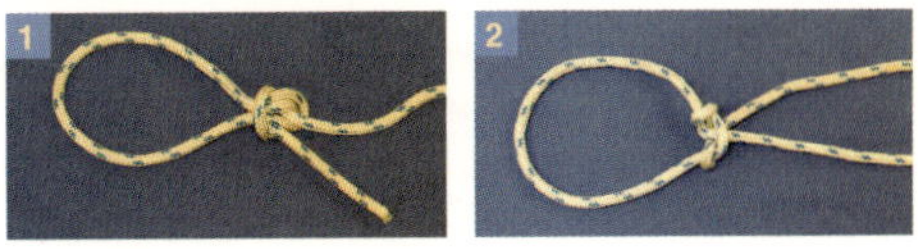

1 バイトループ
2 ダブルハーネスループ

ダブルハーネスループ

DVD chapter 2-2

ロープ端部を使わずに、ロープ中腹を手繰り寄せるだけでループを作ることができます。一見複雑な手順に見えますが、馴れると素早く結べるようになります。ロープ中腹を引き出して一度ひねって輪を作り、引き上げてからロープが重なっている個所の上下を入れ替えれば、最初の形を作ることができます。ちょうど結び手のロープを折り返してひとえ結びをした形になります。あとは上の輪を下の輪の中に通せば完成です。

ロープ中腹を引き出して
一度ひねって輪を作ります。
さらに
ロープが重なっている個所の
上下を入れ替えます

手前にできた輪の中から
ロープ中腹を引き出して
手前にループを作ります

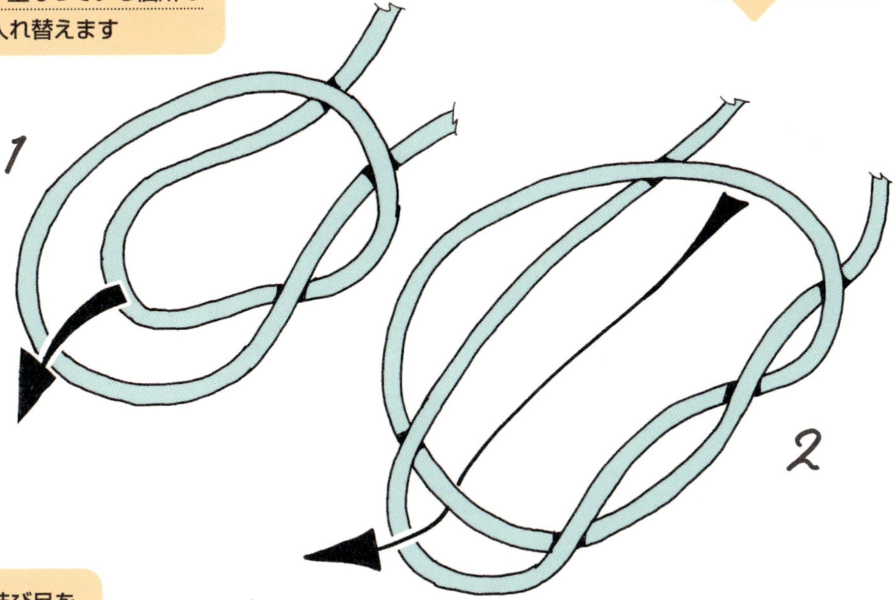

あとは結び目を
締めていけば
完成です

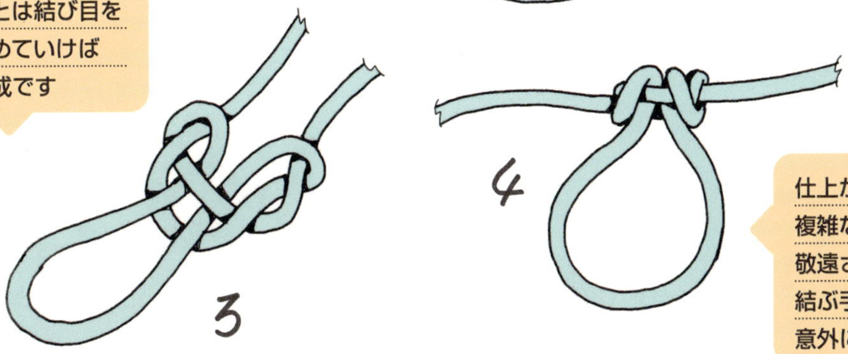

仕上がりの形が
複雑なために
敬遠されがちですが、
結ぶ手順は
意外に簡単です

chapter 2

ロープの輪の作り方[1]

【作ったあとで輪の大きさが変わらないループ作りのテクニック】

アングラーズループ

DVD chapter 2-2

手順はまったく違いますが、完成した形はもやい結びによく似ています。ヨットスポーツでも、もやい結びと同じ用途で使われることがあります。途中までの手順は、ひとえ結びを応用したものなのでとても簡単です。ただしどんな結びでもそうですが、ひとつ手順を間違えると、まったく違った結びになってしまいます。このアングラーズループでは、最後の手順、ロープ端部の通し方を間違えやすいので注意しましょう。

できあがりの形は
もやい結びに
似ていますが、
手順がまったく異なる
おもしろい結びです

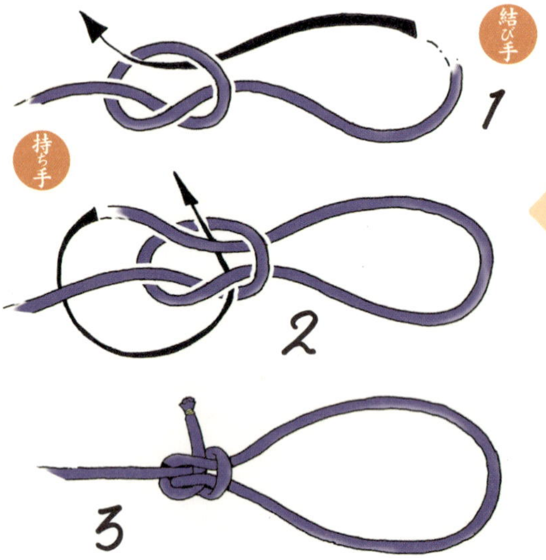

結び手のロープを
長めにとって
ひとえ結びを作り、
ロープ端部を
結び目を
解くような感じで
輪に戻します

さらにロープ端部を
持ち手のロープ中腹に
ひと巻きさせて、
結び目の中に
通せばできあがりです

COLUMN 07

飾り結びのいろいろ[5]

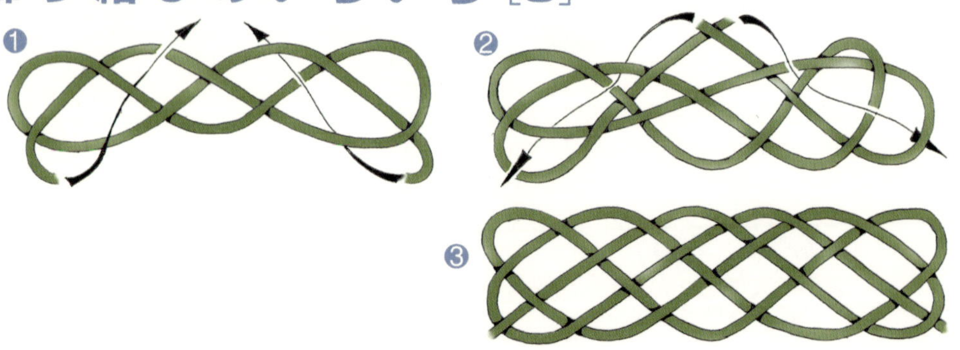

この飾り結びは単独の結び方で、パターンを拡張していくことは難しいでしょう。ロープもしくはひものエンドを違うパターンに連続して結んでいくと、バリエーションが広がりそうです。

■1 アングラーズループ
■2 ミドルマンズノット

ミドルマンズノット

DVD chapter 2-2

クロスした結び目がとてもおもしろい結びです。また裏返しても井桁の形をしていてスマートな結び目です。できあがりの形は洗練されていますが、しっかりとしたループができるため実用性も十分あり、完成度の高い結びです。ロープ中腹をS字にしたら、そこにロープ端部を縫うようにかけていくのがポイントです。ちょうど「田」の字の形をイメージして、その形がそのまま縮小されていくように締めつけていけば完成です。

まずロープ中腹に
S字を作り、
結び手のロープ端部を、
井桁を組むように
S字にかけていきます

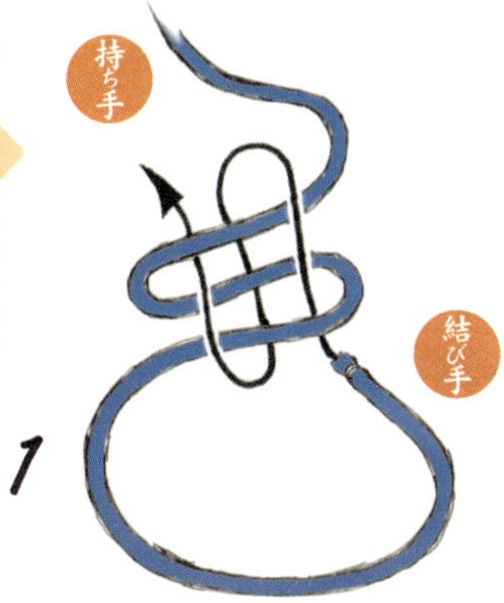

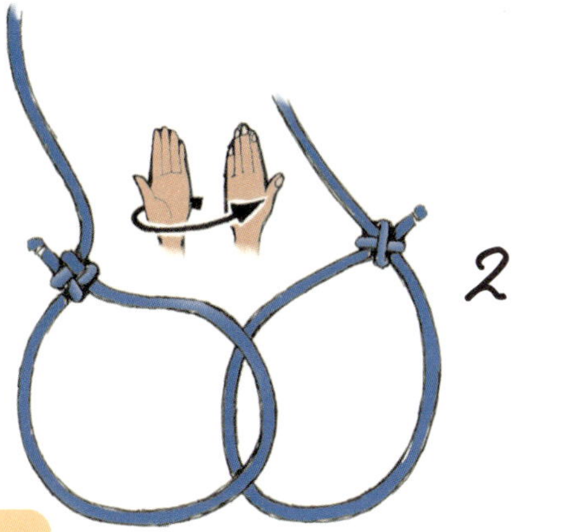

締めつけは、結び目から出ているロープを
それぞれ均等に引き上げていきます。
結び目が美しくしっかりしているため、飾り結びとしても使えます

COLUMN 08

飾り結びのいろいろ［6］

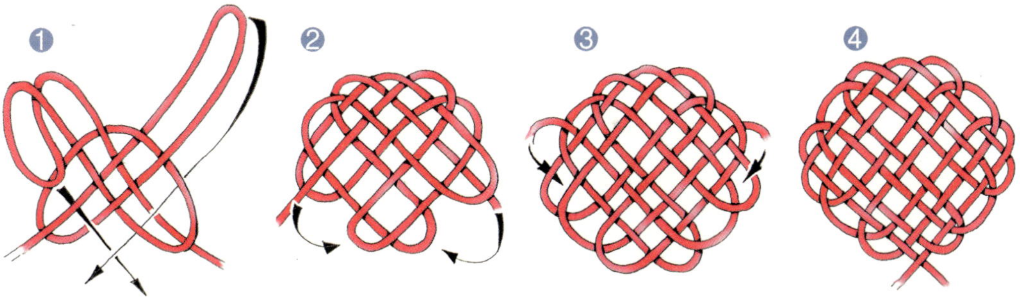

このパターンは上下左右ともシンメトリー（対称）なので、エンドレスに編み込むことができます。体裁がよいコースターなどに向く実用的な飾り結びです。

chapter 2

ロープの輪の作り方［1］

【作ったあとで輪の大きさが変わらないループ作りのテクニック】

ホンダノット

いろいろな結びの中でも、この結びはその手順におもしろさがあります。2つのひとえ結びを組み合わせただけのとても単純明快な結びです。ですが仕上がりはとてもしっかりとしたもので、なるほどとうならせるものがあります。さらに結び目から出ているロープ端部をロープ中腹にシージング（細い糸などで束ねて縛ること）しておけば完璧といえるでしょう。名前が日本人の名に由来していることも興味深いところです。

ロープ中腹のひとえ結びの輪に
端部のひとえ結びを差し込んでから、
中腹のひとえ結びを締めつけます。
ひとえ結びを応用した
ちょっと風変わりな結びです

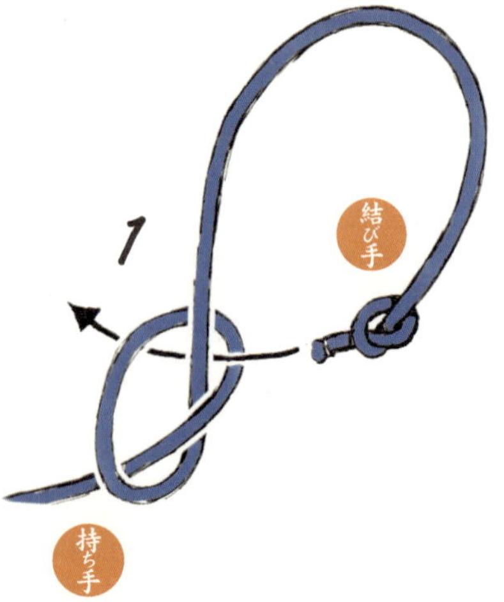

まず結び手のロープ端部に
ひとえ結びをしっかりと結びます。
さらに持ち手のロープ中腹に
少し緩めのひとえ結びを作ります

COLUMN 09

飾り結びのいろいろ［7］

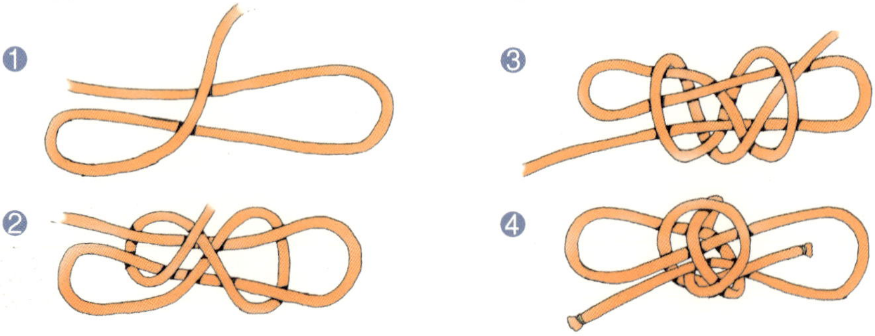

立体的な装飾結びは実用に向くものが多く、ロープやひもを引っ張るときの手掛かりやストッパーのかわりになります。各家庭でもこうした飾り結びを、しかも手作りですることによって、やさしく雰囲気のよいインテリアを演出できそうです。

デパートメントストアノット

この結びもひとえ結びを2つ組み合わせたものです。ただしホンダノットとは、最後のロープ端部を通す個所が違います。かえってホンダノットよりもわかりやすいでしょう。とくにロープの結びを学ばなくても、いつの間にか使っている結びかもしれません。単純な結びですが、ホンダノットと同じように結び目はしっかりしています。ただし、ロープ中腹のひとえ結びが緩いと抜けてしまうこともあるので注意しましょう。

しかし、
端部のひとえ結びを
通す個所が
ホンダノットとは
違います
1
結び手
2
ホンダノットのように
ひとえ結びの
簡単な応用例ですが、
仕上がりの結び目は
しっかりしています
ひとえ結びを
ロープ端部と中腹の2カ所に
作るところまでは
ホンダノットと同じです
持ち手

COLUMN 10

飾り結びのいろいろ［8］

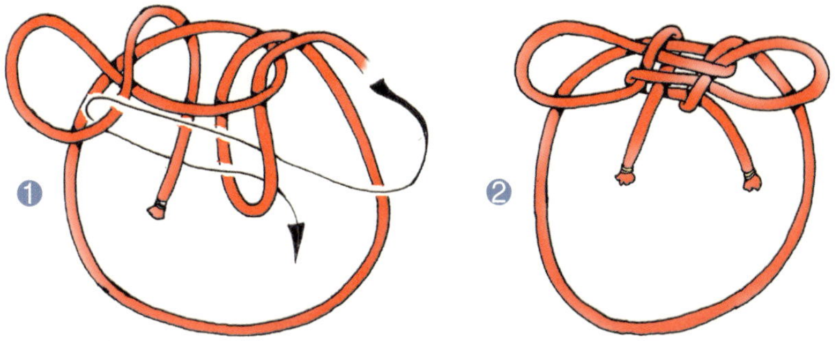
❶
❷

贈り物をするとき、使うひもにこのような飾り結びがしてあれば、送る側の気持ちが相手に伝わると思います。ちょっとした贈り物でもその価値が一段あがるというわけです。

3 chapter もやい結びの仲間
【アウトドアの基本となる応用範囲の広いテクニック】

もやい結び（ボーラインノット）

DVD chapter 3

長い間の船乗りの経験から生まれた結びなのでしょう。日本でも昔から舟を「繋ぐ（もやう）」ために使われてきました。英名も帆船の調節用ロープを結ぶときに使われたことに由来しています。このほか、登山で体にザイルを縛りつけるときにも使われています。瞬時に結べて解けにくく、また固く締まっていても解くときには簡単に、という使い勝手のよいたいへん優れた特徴を持っています。非常に幅広い用途がある結びです。

日本では古くから
もやい結びと呼ばれ、
アウトドアスポーツにも
欠かせない結びです

裏表に注意して
ロープ中腹に
小さな輪を作り、
結び手のロープ端部を
輪から引き出します

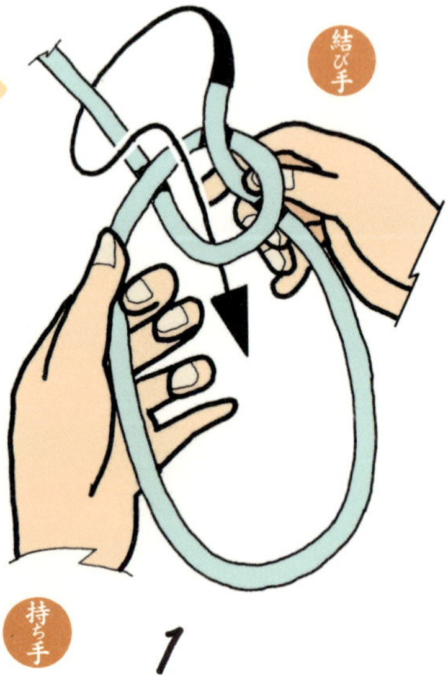

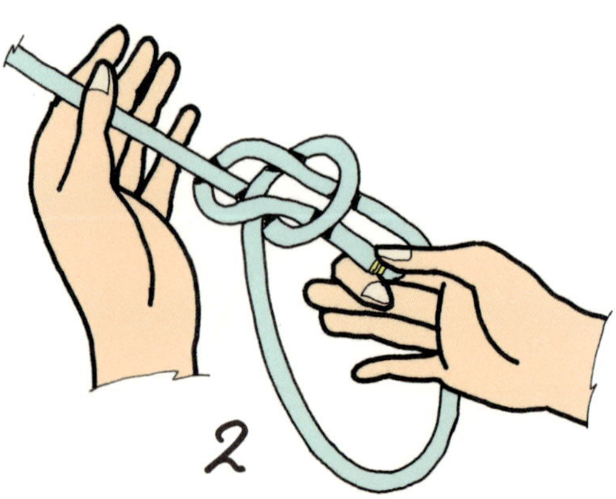

輪から引き出したロープ端部を
ロープ中腹をひと巻きさせてから
また輪の中に引き入れます

ウサギをロープ端部、
持ち手の輪をウサギの穴、
そしてロープ中腹を
外に生えている木に見立てます

「ウサギが穴から外に出て、
木を一周してから
再び穴に潜り込む」
と覚えましょう

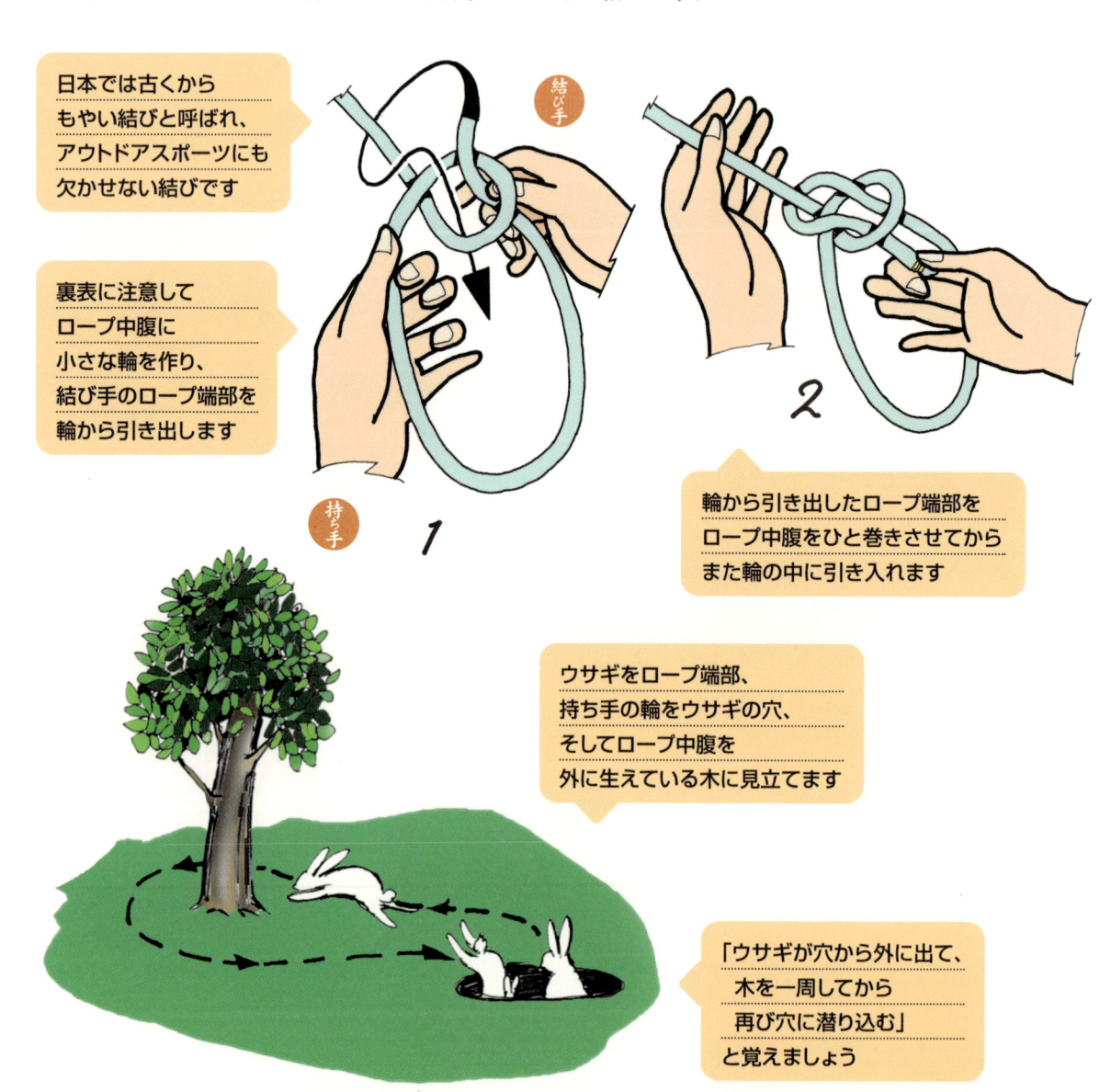

ループの大きさを整えながら
結び目を締めていきます

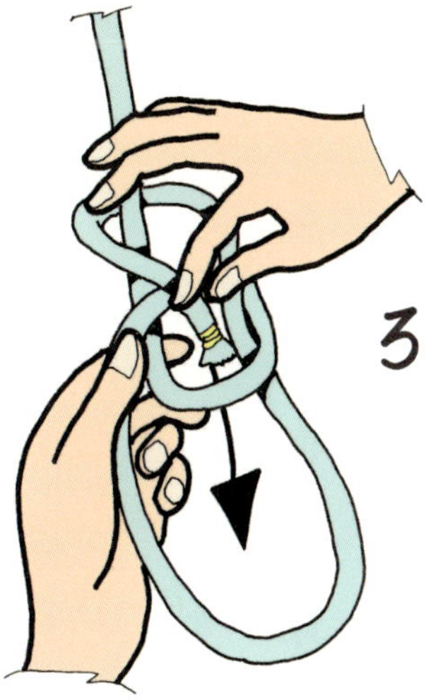

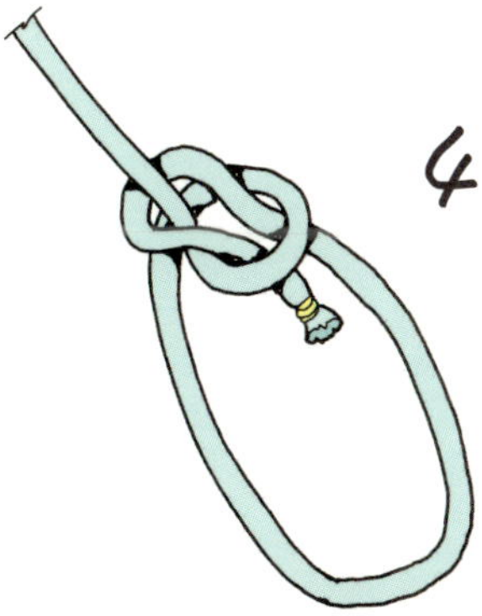

あらゆる結びの中で
最も優れた結びといわれています。
結びの手順(簡易さ、確実さ、解きやすさなど)、
機能(強さ、耐久性など)、
さらには美しさといった点で
この結びの右に出るものはありません

(左利きのもやい結び)

一見もやい結びのようですが、結び手をロープ中腹に巻きつける方向が正しいものとは違いますから注意して見てください。少しの違いでも結果は大きく違ってきます。この結び方は「左利きのもやい結び」「ジャーマンボーライン」とも呼ばれ、正しいもやい結びとは違って結び目が滑りやすいので注意が必要です。もやい結びをマスターしたら敢えて「左利き」を結んでみて、正しいもやい結びを再確認するのも練習になると思います。

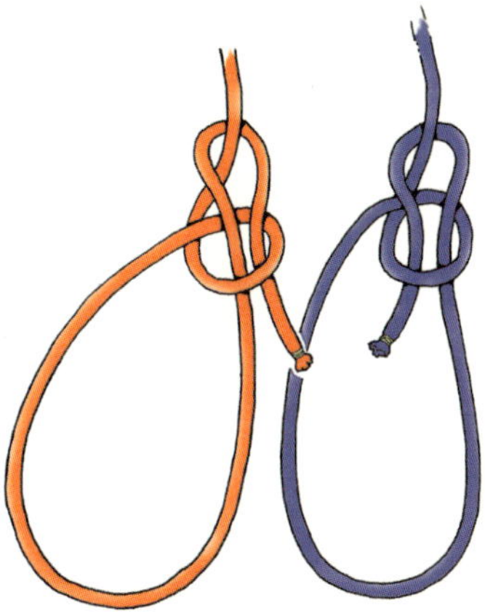

左のオレンジ色の結び方は一見もやい結びの
ようですが、最後の結び手の通し方が
右の正しいもやい結びとは違っています。
「ジャーマンボーライン」などとも呼ばれ、
結び目が滑りやすいので注意しましょう

スパニッシュボーライン

DVD chapter 3

ボーラインと名前がついた結びは、かなりたくさんあります。このスパニッシュボーラインは別名「ダブルフォークドループ」としても知られています。2つのループに両足を通して、さらに中腹2本のロープを腹から胸に回して巻きつければ、人を吊り上げることもできそうです。しかしこの結びは実践で使うより、むしろロープワークの練習台として非常に役に立つと思われます。ロープを平らなところに広げて挑戦してみましょう。

ロープ中腹を
引き出して
上に引き上げ
輪を2つ作ります

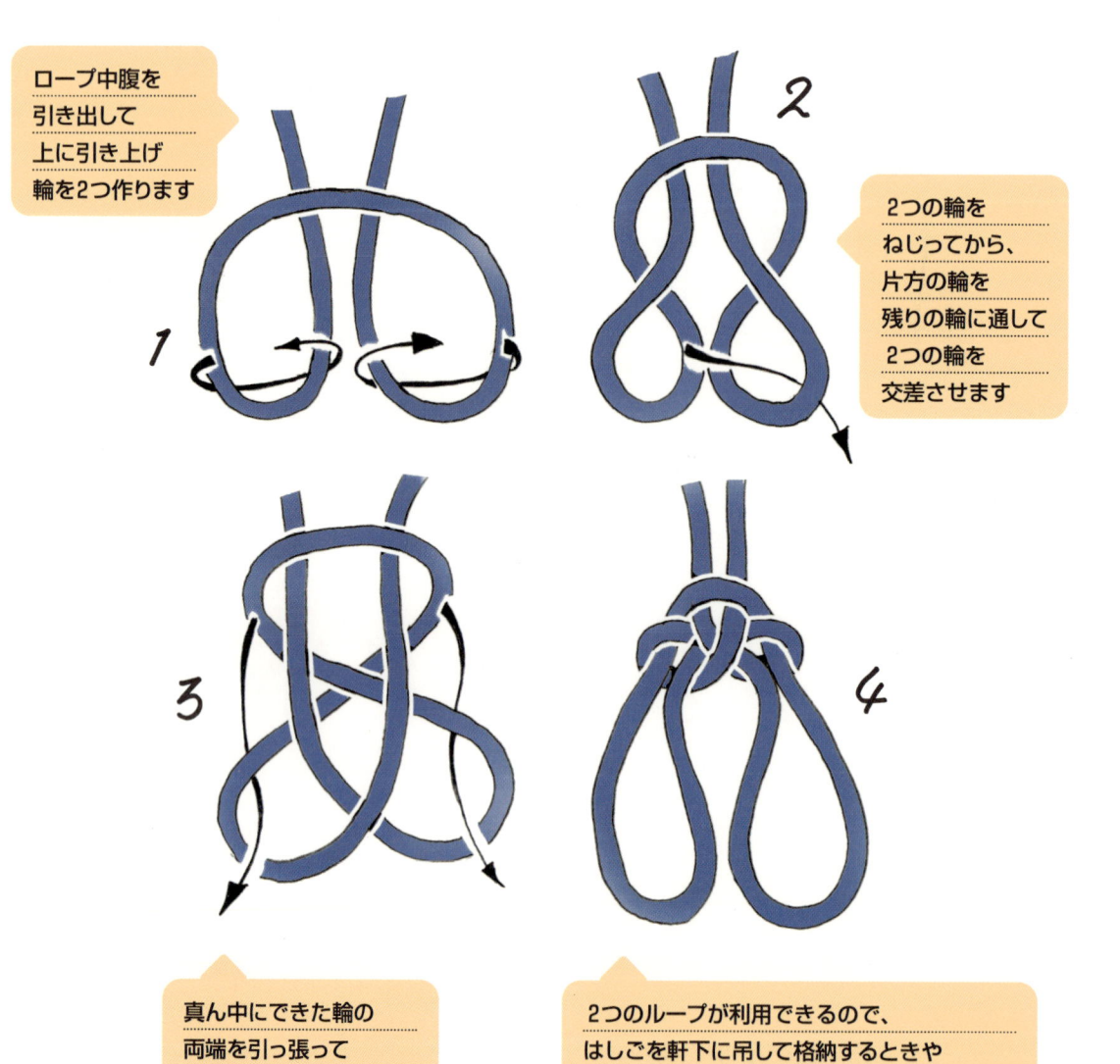

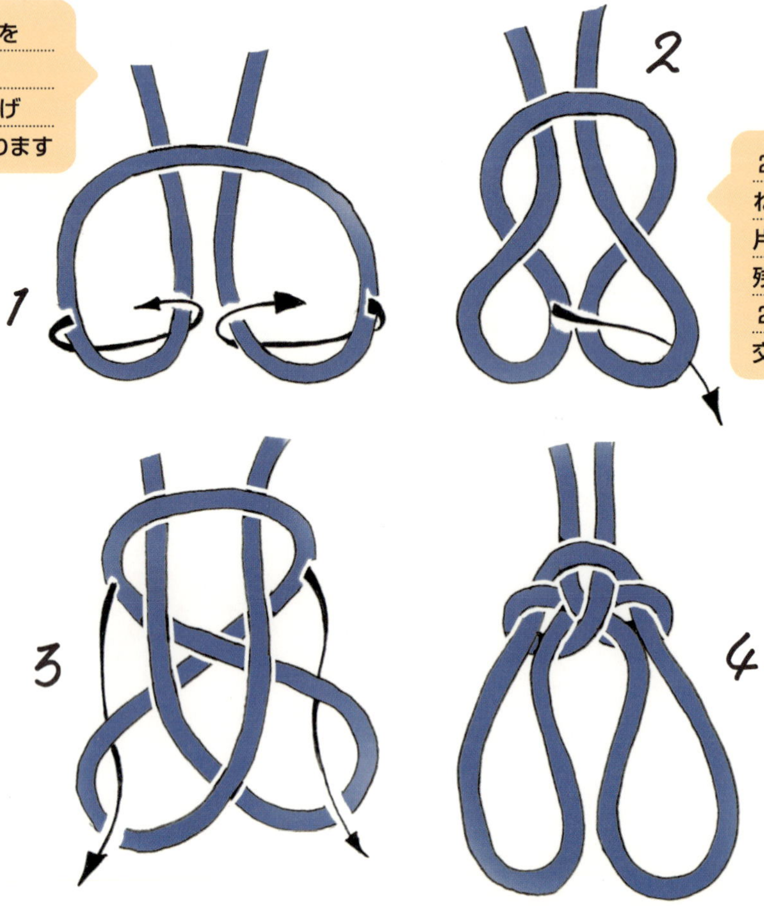

2つの輪を
ねじってから、
片方の輪を
残りの輪に通して
2つの輪を
交差させます

真ん中にできた輪の
両端を引っ張って
左右の輪の中に通します

2つのループが利用できるので、
はしごを軒下に吊して格納するときや
担架を運ぶときなどに使える便利な結びです

1 スパニッシュボーライン
2 フレンチボーライン

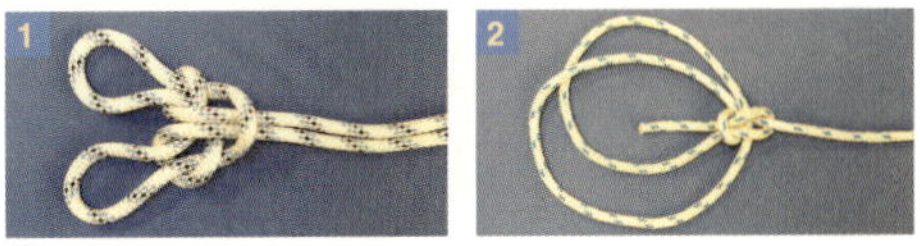

フレンチボーライン

DVD chapter 3

別名「ポーチェギュースボーライン」とも呼ばれるこの結びは、数あるボーラインの中でもとくに実践的なものではないでしょうか。ループが2重になっているので、万一片方が切れても残りのループがバックアップしてくれます。ごく普通にこの結びができるようになれば、かなりロープワークが上達したといえるでしょう。2つ折りのロープを普通にもやい結びしても2つのループを作れますが、結び目が大きくなってしまいます。

結び手のロープを十分長めにとり、輪を2周させます

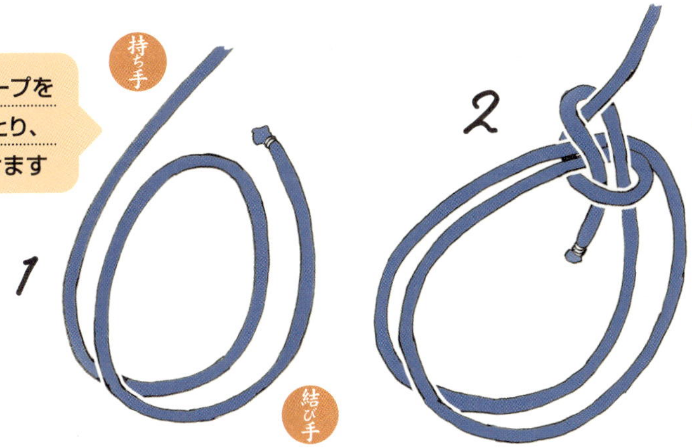

普通にもやい結びをするとできあがりです。輪を何度も重ねることにより、3つ4つのループを持ったもやい結びを作ることができます

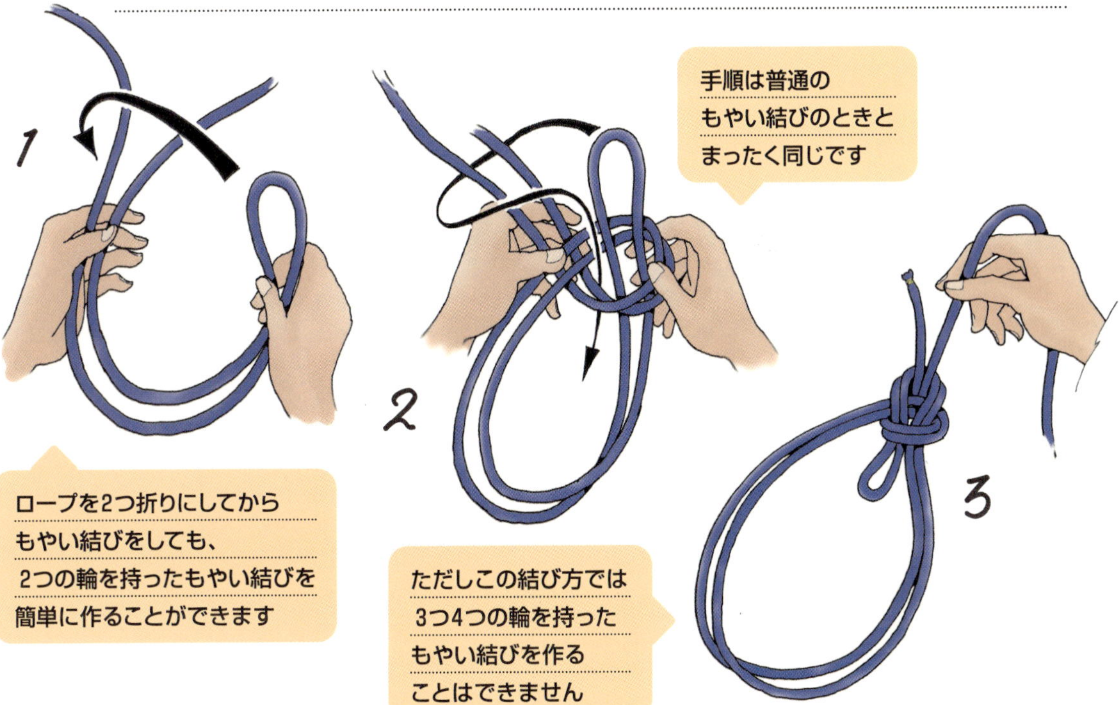

手順は普通のもやい結びのときとまったく同じです

ロープを2つ折りにしてからもやい結びをしても、2つの輪を持ったもやい結びを簡単に作ることができます

ただしこの結び方では3つ4つの輪を持ったもやい結びを作ることはできません

chapter 3

もやい結びの仲間

【アウトドアの基本となる応用範囲の広いテクニック】

ボーラインオンザバイト

DVD chapter 3

最初の手順はロープを2つ折りにしてもやい結びをするときに似ていますが、以後はまったく違ってきます。多少複雑な手順に見えますが、その優れた構造はさまざまな用途に使うことができます。とても堅牢に結べるのでループは応急の足場としても役に立ちそうです。ロープ端部を使わずにロープ中腹だけで結べるという利点がある反面、ロープを何かに巻きつけてから結ぶことができないという重大な欠点もあります。

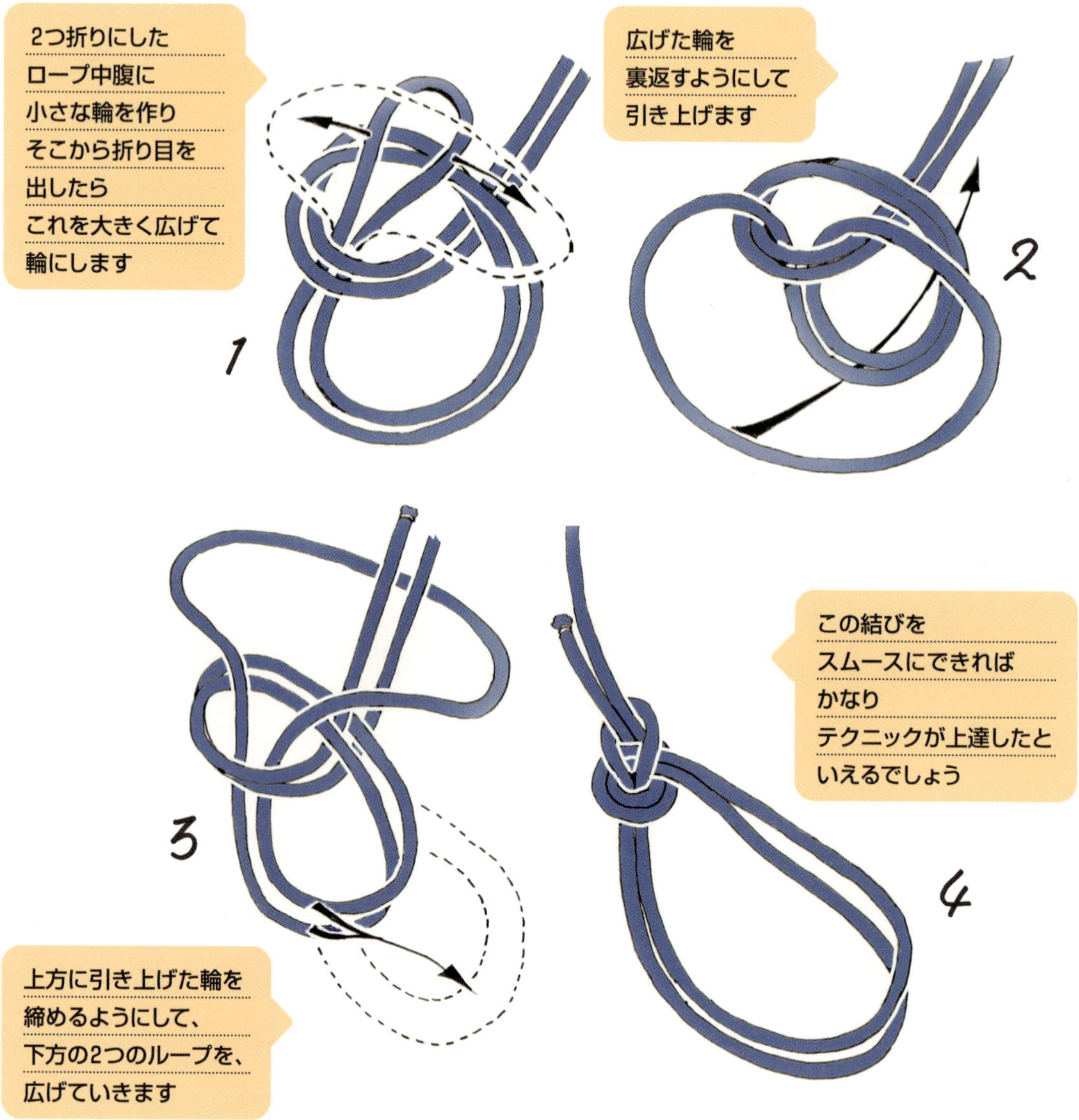
2つ折りにしたロープ中腹に小さな輪を作りそこから折り目を出したらこれを大きく広げて輪にします
1
広げた輪を裏返すようにして引き上げます
2
3
上方に引き上げた輪を締めるようにして、下方の2つのループを、広げていきます
この結びをスムースにできればかなりテクニックが上達したといえるでしょう
4

アジャスタブルボーラインノット

ボーラインノットは、おもに結んでできたループを利用する結びです。ですからそのループの大きさは使う相手、または目的によってあらかじめ適度な大きさにしなければなりません。しかしそれがかなわないときもあります。そのようなときは、このアジャスタブルボーラインノットがたいへん便利です。ループになる部分をボーラインの結び目とは別にもうひとつ作ることによって、ループの大きさを自由に変えることができるという結びです。

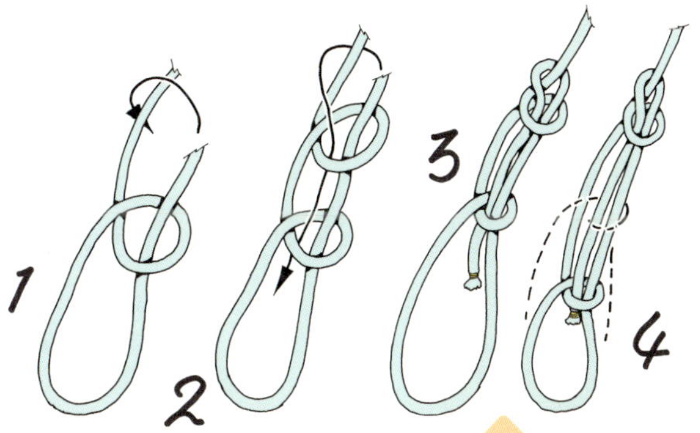

結び方は普通に
ボーラインノットを
結ぶ要領と
まったく同じです

ループの長さを
このように調節すれば、
用途にあった大きさに
アジャストできるという
便利なボーラインノットです

ツーハーフヒッチからボーラインノット

ボーラインノットがどのような構造で組まれているかを知るのに、ちょっとしたトリックがあります。ボーラインノットよりもずっと簡単な手順のツーハーフヒッチという結びがあります(58ページ参照)。このツーハーフヒッチのループと結び目のロープを入れ替えるだけで、なんとボーラインノットに変身してしまうのです。一度ボーラインノットに慣れてしまえば、正規の手順でずっと素早く簡単に結べるはずですが、ここではその構造を知るために敢えて違った結び方に挑戦してみましょう。

最初にかけたロープを引っ張り出して
ループを締めていき、
新しいループを作ります

ひとえ結びを応用した
簡単な結び、
ツーハーフヒッチ
をします。
それから結び手の
ロープ端部を、
このように
ループへ戻します

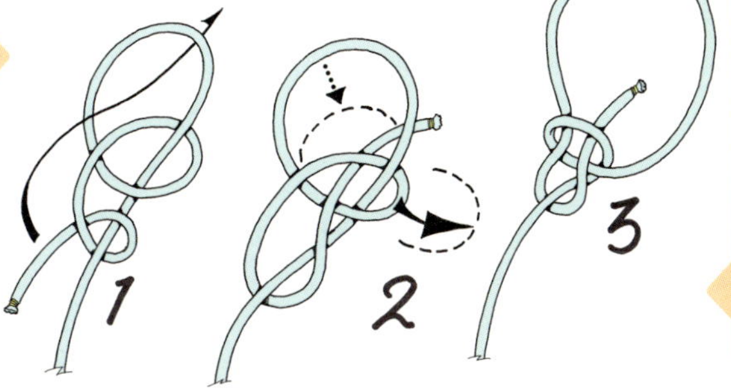

新しいループを
最後まで
引き出して
結び目の形を
整えれば、
完全に
ボーラインノットに
なってしまいます

chapter 4

ロープの輪の作り方[2]

【作ったあとで輪の大きさを調整できるループ作りのテクニック】

ヌースノット

DVD chapter 4-1

単純でわかりやすい結びです。解けやすいので、余った結び手のロープ端部にひとえ結びでコブを作って、抜け防止をしておくとよいでしょう。単純とはいえ、ループを荷物や柱などにかけて、持ち手のロープを引けば簡単に締めつけることができます。ループを作って締めつける結びは、日常生活のさまざまな場面で役立ちます。もしかしたら日常生活では輪が締まっていかないループよりも、利用頻度が多いかもしれません。

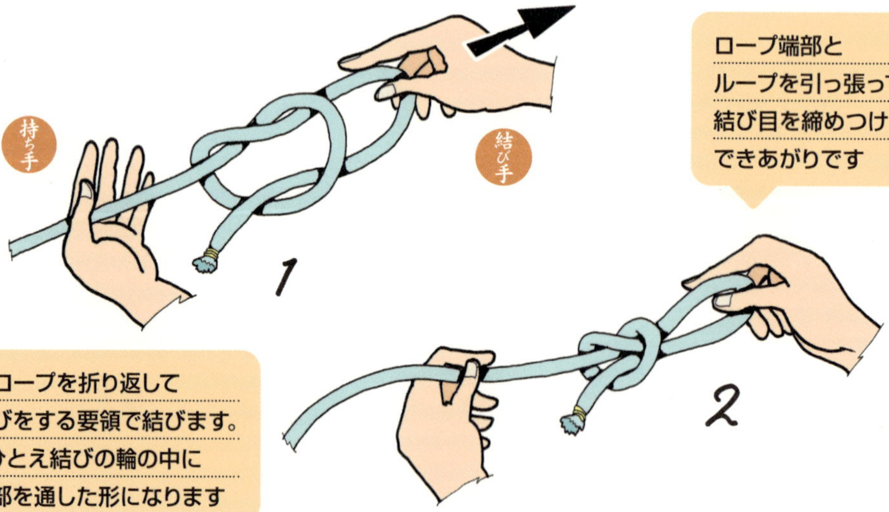

ロープ端部とループを引っ張って結び目を締めつければできあがりです

結び手のロープを折り返してひとえ結びをする要領で結びます。ちょうどひとえ結びの輪の中にロープ端部を通した形になります

COLUMN 11

飾り結びのいろいろ[9]

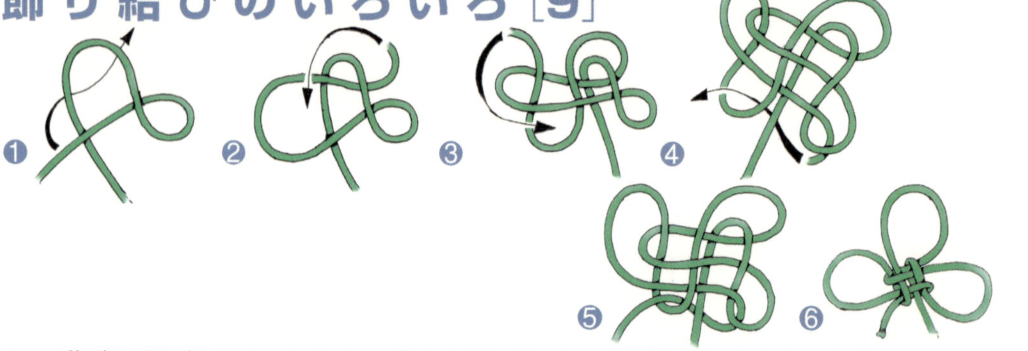

3つの花びら、もしくはクローバーをイメージした飾り結びです。一見複雑そうに見えますが、すべて平面で交差しているので手際よく結べばそれほど手間のかかる結びではありません。ロープやひもの端部をつなげば、四つ葉のクローバーになるでしょう。こうしたエンドレスのパターンは、作り方次第で美しい装飾品になります。

■1 ヌースノット
■2 ダブルヌースノット

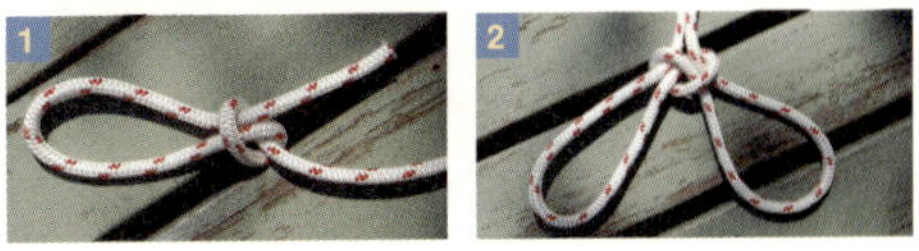

ダブルヌースノット

DVD chapter 4-1

左右の手でゆったりとロープを持ち、左右両方でロープを2つ折りにします。つぎに2つ折りにしたロープ同士を結ぶようにして2つのループを作ります。最初は両手をうまく動かせないかもしれませんが、慣れてくるとワンアクションで結べるようになります。両方のループを何かにかけて持ち手のロープを引けば、しっかりと締めつけることができます。ただし片方のループが空いていると解けてしまうので注意しましょう。

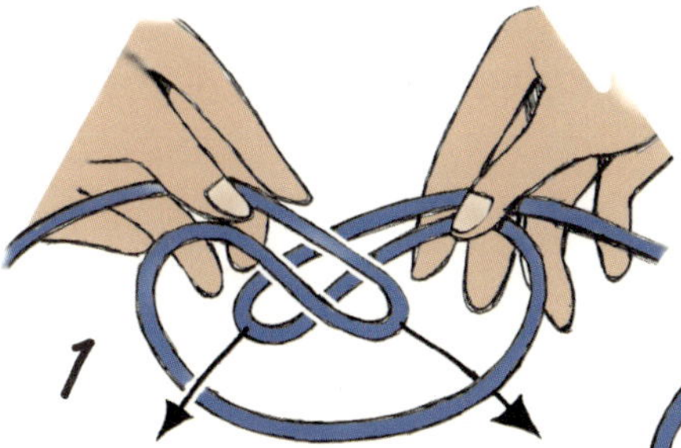

ロープ中腹を
2カ所で2つ折りにします。
さらに2つ折りにした
ロープ2組を交差させて
ひとつの輪を作ります

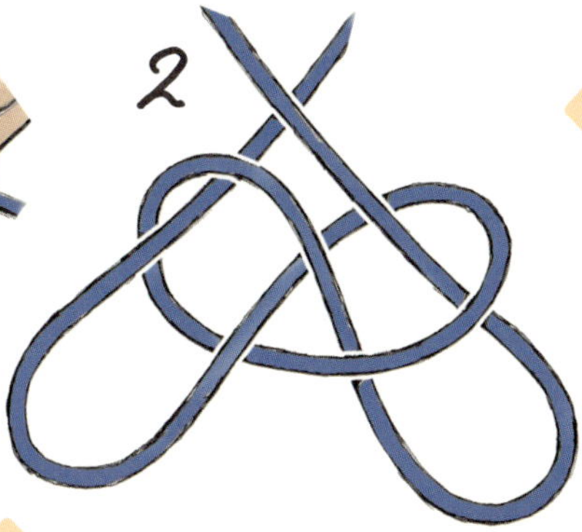

2本のビンなど、
その口にかければ
持ち上げるときに
威力を発揮します

2つ折りにしたロープ2組を輪から引き出して
新しい2組のループを作ります。
持ち手のロープを引っ張れば2つのループが締まるという結びです

COLUMN 12

飾り結びのいろいろ［10］

③

①

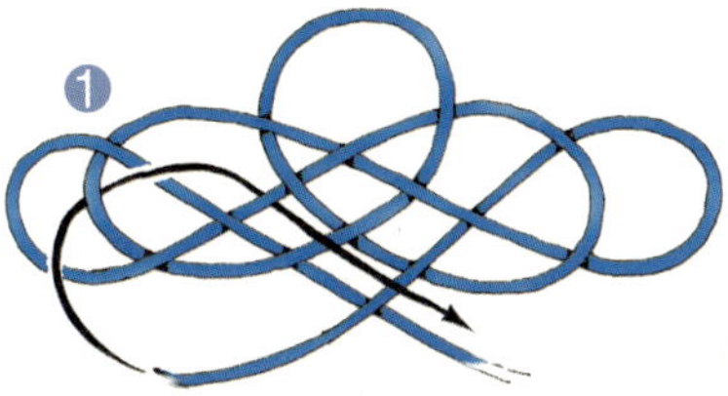

②

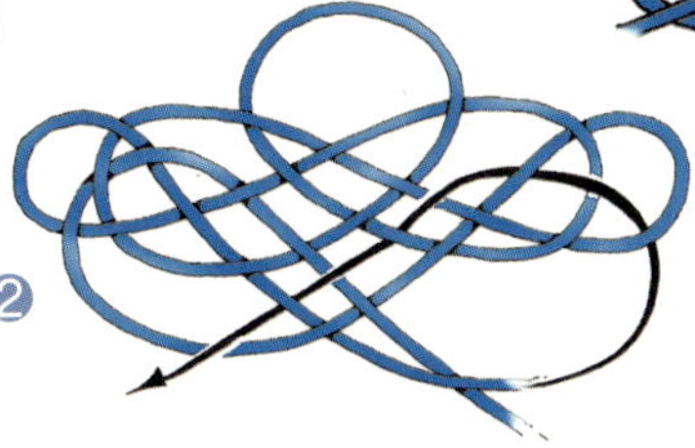

この飾り結びも最後のロープの端を繋げば、シンメトリー（対称）のエンドレスパターンになります。飾り結びは単独で使うより、ほかのパターンと組み合わせることにより、一層装飾的なよさを楽しむことができます。

chapter 4

ロープの輪の作り方[2]

【作ったあとで輪の大きさを調整できるループ作りのテクニック】

投げ縄結び

DVD chapter 4-1

ちょうどヌースノットの結び手と持ち手の長さを逆にした結びですが、逆にするにはちゃんと訳があります。名前の通りカウボーイがロープを使って放牧地の牛や馬を捕まえるときに使う結びですが、大きな円を描いて遠心力をつけてループを遠くに飛ばすときヌースノットでは勝手にループが締まってしまい不都合です。その点この投げ縄結びでは、結び手のロープを引かない限りループが小さくなってしまうことはありません。

結び手のロープを
長めにとって
ひとえ結びをします

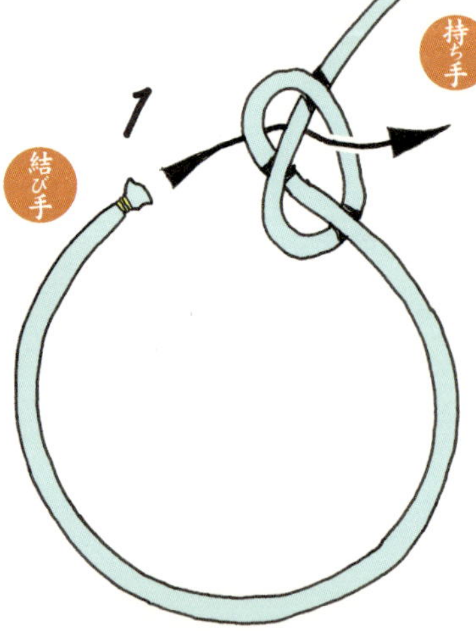

持ち手のロープ端部を戻して
ひとえ結びの
結び目の中に入れます

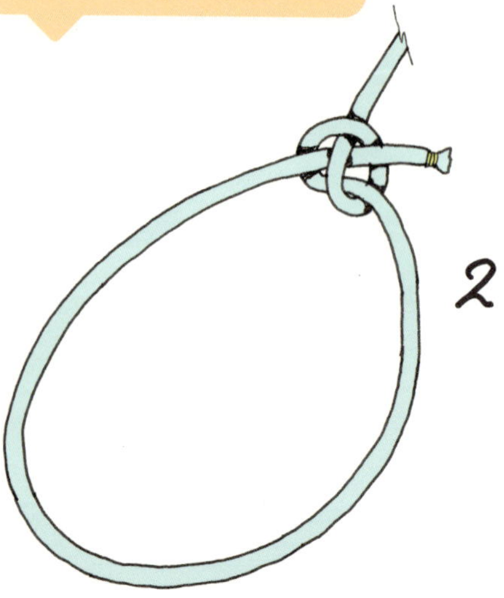

持ち手のロープ中腹と
結び目を引っ張って締めつけます。
カウボーイがロープを使って
放牧地の牛や馬を
捕まえるときに使う結びです

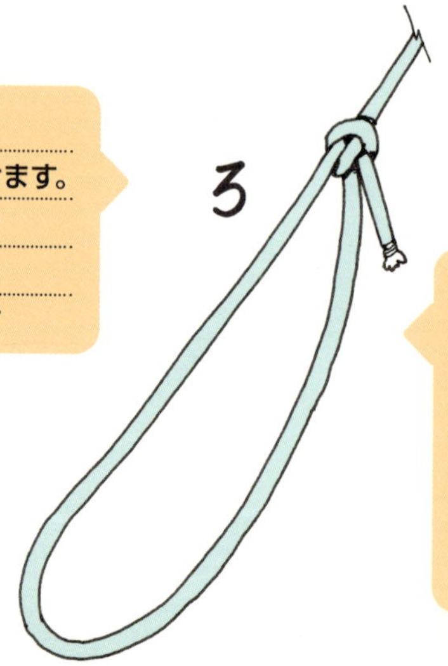

一見頼りなさそうで単純でも、
優れた機能を持っています。
大きなループを描いて
遠心力を作り出し、
輪を遠くに飛ばすときでも、
結び手を引かない限り
輪が小さくなることはありません

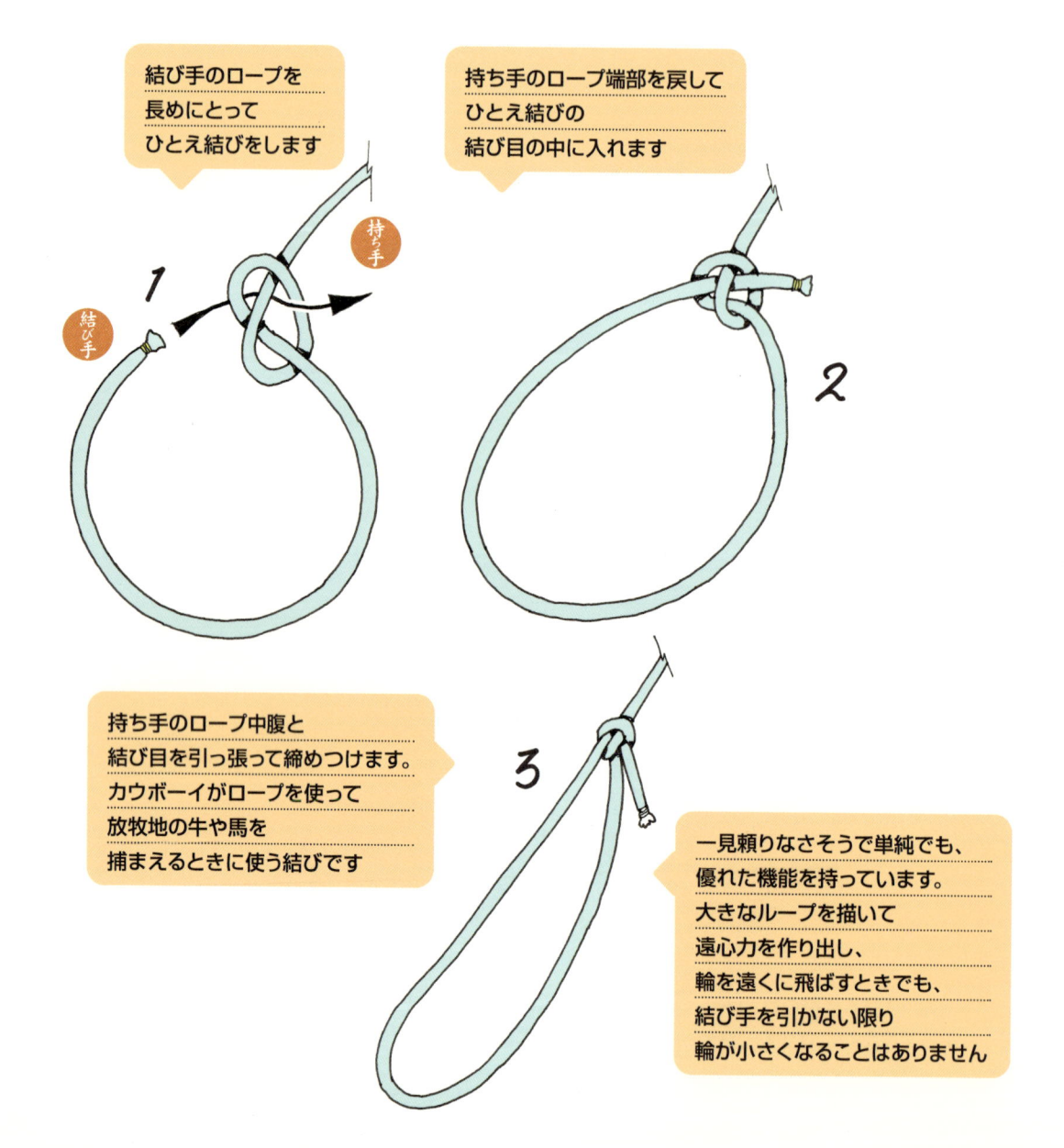

1 投げ縄結び
2 ハングマンズノット

ハングマンズノット

DVD chapter 4-1

縛り首の刑に使われていたためにこの名前で呼ばれています。イメージは悪いのですが、しっかりと締めつけるのには最適な結びです。ロープを幾重にも巻きつけるため結び目は非常にしっかりとしていますが、反面持ち手のロープを引けば簡単にループを締めることができます。ループを空にしてロープを引けば簡単に解くこともできます。結び目も美しいので、名前の由来がなければ飾り結びとして使いたいところなのですが……。

呼び名のイメージは悪いのですが、しっかり締めつけるときに便利な結びです

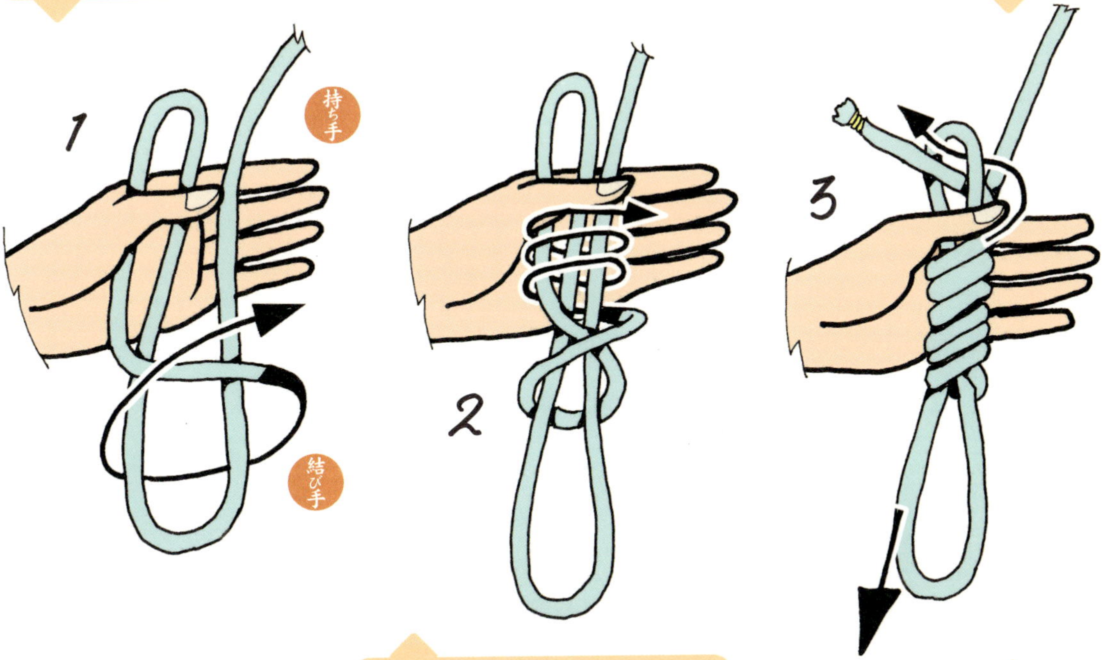

結び手のロープ端部を長めにとり、3つ折りにしてからロープ端部を下から上へと巻きつけていきます

適度の回数を巻きつけたら、最後にロープ端部をロープの折り目に通します

結び目から下に出ているロープのうち、片方を引っ張って結び目を締めつけます。もう片方を引っ張れば輪が広がります。輪を何かにかけて、結び目を持ちながら持ち手のロープを引けばしっかりと輪を締めつけることができます

chapter 4

ロープの輪の作り方[2]

【作ったあとで輪の大きさを調整できるループ作りのテクニック】

わなもやい

DVD chapter 4-2

もやい結びの使い方の一例です。もやい結び自身のループを調節することはできませんが、そのもやい結びを使ってひと工夫すれば、ループの大きさを調節できる結びができるというわけです。単純な仕掛けといえばそれまでですが、もやい結びがしっかりしているため、急場しのぎでも安心して使えるループです。たったひとつの結びでも工夫次第で用途がぐんと広がります。やはりもやい結びは確実にマスターしたい結びです。

もやい結びを使ったループです。
ロープ端部に
小さなもやい結びを作って、
持ち手のロープを輪に通せば
簡単にできあがります

急いで何かに引っかけて
締めつけたいときには
とても便利な結びです

ジャムヒッチ

DVD chapter 4-2

このジャムヒッチという結びは、ローリングヒッチという結び(69ページ参照)をループに応用したものです。ローリングヒッチは、結び目の位置を簡単に移動できるという特長があります。ロープ自身の中腹にこのローリングヒッチをしてループをつくれば、その大きさを任意の大きさで固定することができます。つまり、輪が締まっていかないループと、締まっていくループ、両方の性質を兼ね備えることができるというわけです。

輪が自然と
締まっていかない
ループと
輪を自由に
締めることができる
ループ、
両方の特徴を備えた
便利なループです

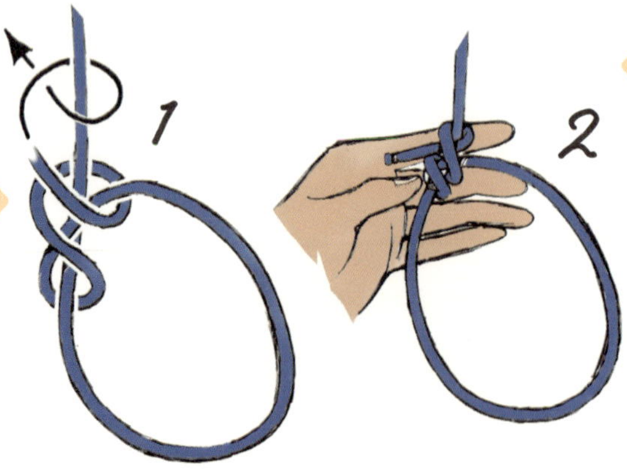

輪の先端に
力がかかったときには
自然と輪が縮むことは
ありませんが、
結び目を持って
持ち手のロープを
引っ張れば
輪を締める
ことができます。
もちろん
広げることもできます

1 わなもやい
2 ジャムヒッチ
3 シープシャンク(1)
4 シープシャンク(2)

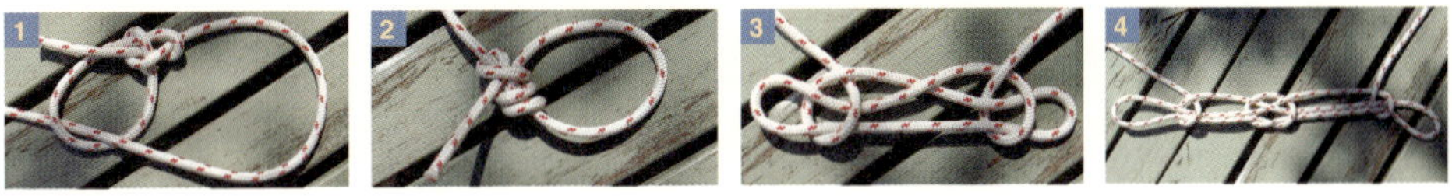

シープシャンク

DVD chapter 4-2

ロープの両端に何かが結ばれていてその途中が長すぎて持て余してしまうときに、このシープシャンクがとても便利です。結ぶときに作る輪の数（奇数、偶数個を問いません）によってロープの全長を調節できるというわけです。単純な手順の結び方で一見頼りなさそうですが、ロープ両端が引っ張られても解けてしまうことはありません。長期間使うときは、さらにシージング（細い糸などで束ねて縛ること）しておけばほぼ完璧です。

「帯に短し、たすきに長し」といわれますが、
時には長すぎて使い難いロープもあります。
そんなとき、このシープシャンクを覚えておくと
便利でスマートなロープの扱い方ができます

ロープの両端を引いても
結び目がきつく締めつけられるだけで
ロープの全長は伸び縮みしません。
つまり結び目の大きさで
ロープの全長を調節できるわけです

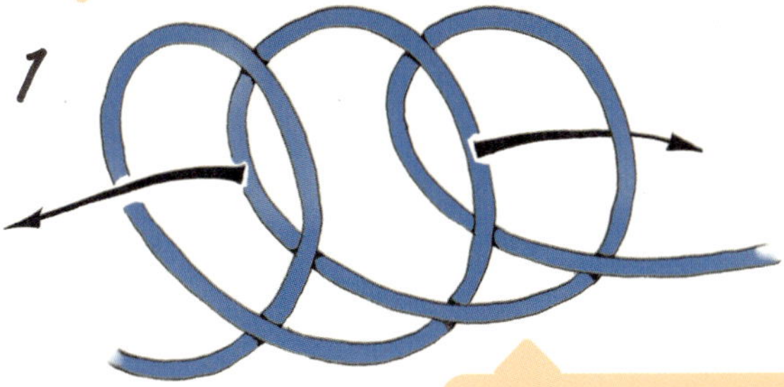

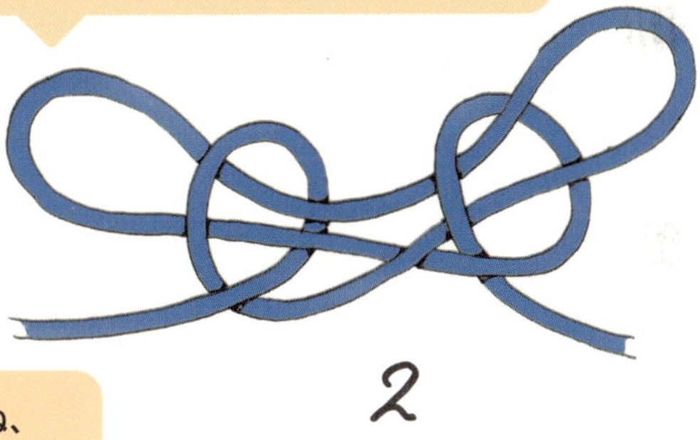

同じ交差で輪を作って重ね、
真ん中にできた輪を
両端の輪から引っ張り出します

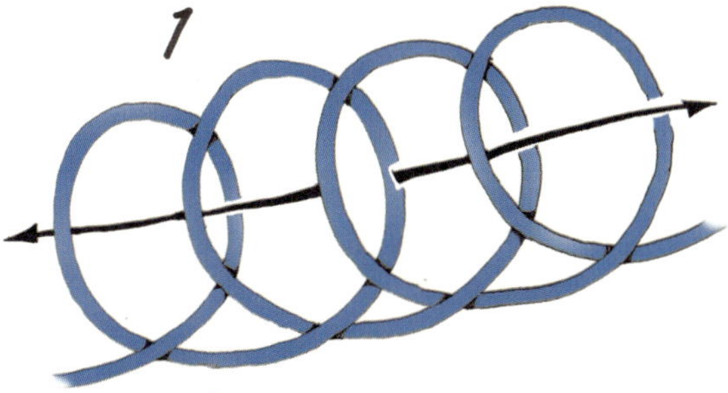

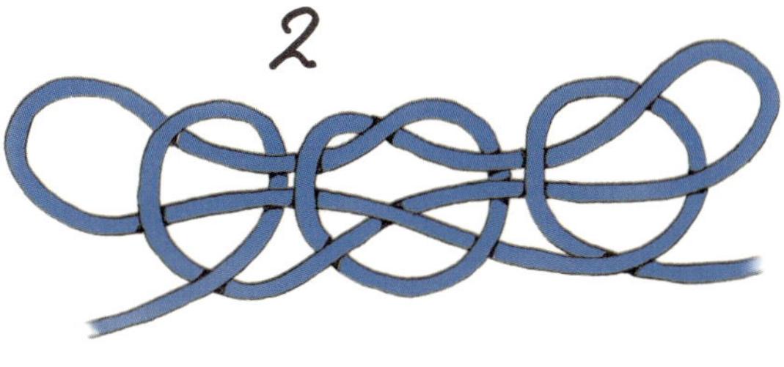

偶数の輪を作ったときには
真ん中で重なった2つの輪の端を
引っ張り出します

構造的には重ねる輪の数に制限はありませんが、
実際には手際が悪くなると同時に
必要がないので適度にしておいたほうがよいでしょう

5 chapter 2本のロープの繋ぎ方

【長さが足りないロープを延長したりロープ同士を繋ぎ合わせるテクニック】

シートベンド DVD chapter 5-1

繋ぎ結びとしては最も一般的で簡単な方法です。2本のロープを繋ぐときにはこの結びしかない、と言い切る人もいます。結びやすくて解きやすいという総合得点をつければ、この意見にもうなずけます。この結びはバリエーションが多く、用途も多岐に渡っているため、アウトドアスポーツはもちろんのこと日常生活でも非常に役に立つこと間違いなしです。覚えておきたい結びの筆頭に挙げられるもののひとつといえるでしょう。

2本のロープを繋ぐときの代表ともいえる結びです。手順は簡単ですが解けにくい結びです

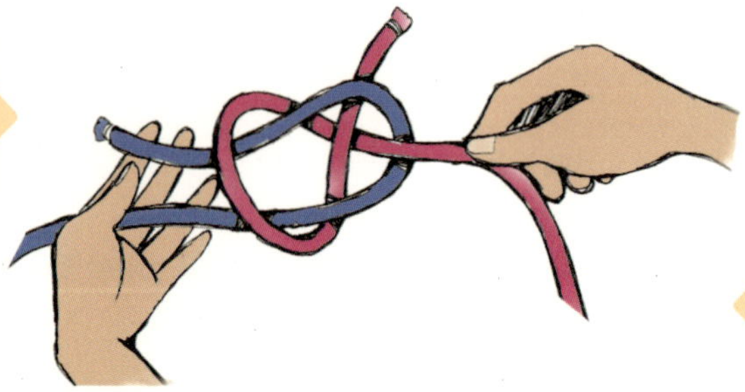

このシートベンドは日本でもはた結びとして昔から知られています。結ぶ手順はまったく違いますが、できあがりのフォームは一緒になります

シートベンドは結び手の端部が、必ず持ち手の端部と同じ方向に出なくてはなりません。これを間違えるとシートベンドにならないどころか、滑りやすく危険な繋ぎ結びになってしまいます

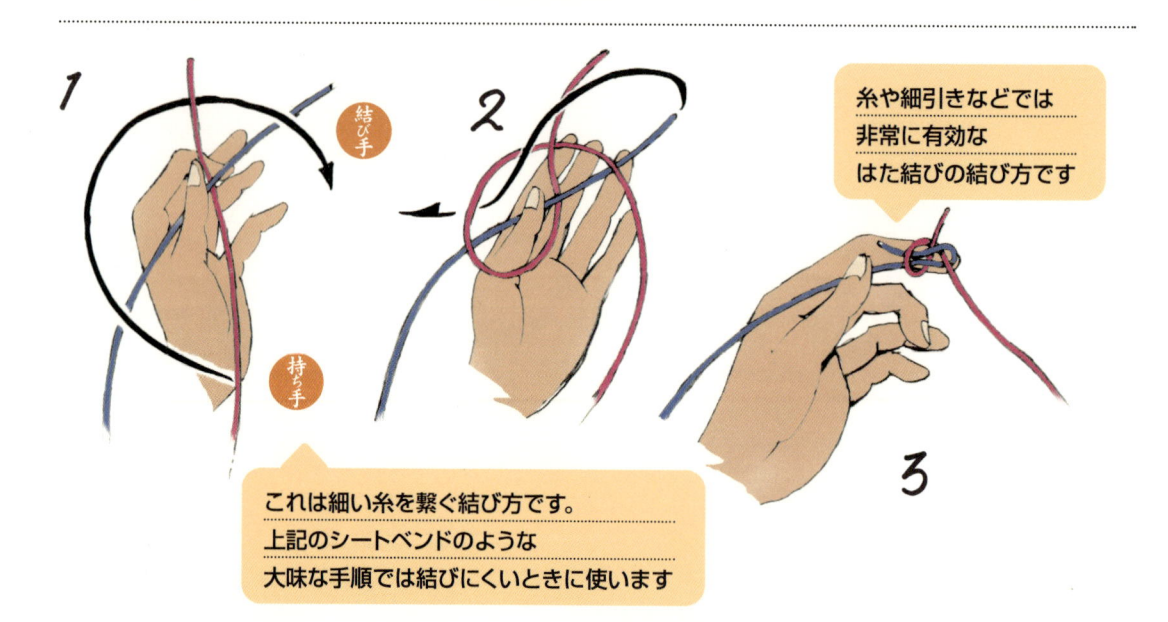

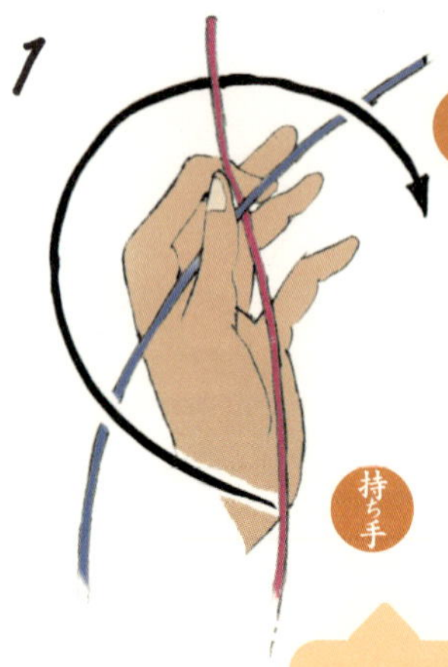

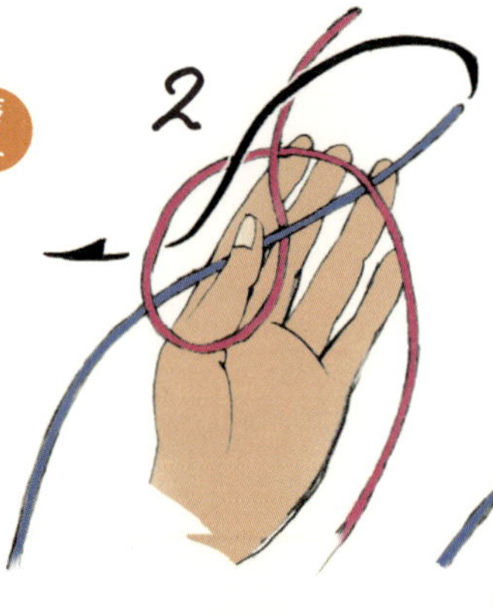

糸や細引きなどでは非常に有効なはた結びの結び方です

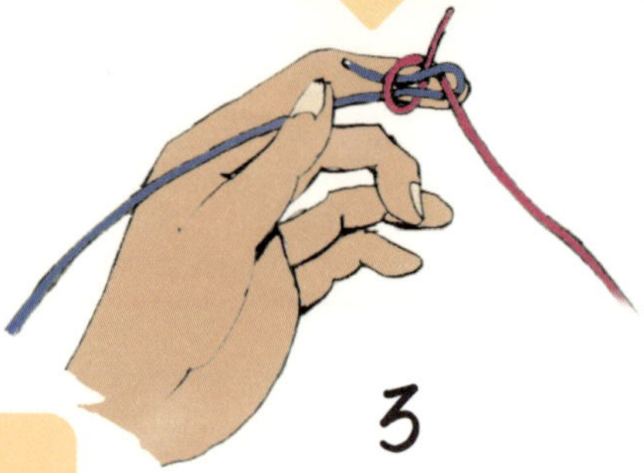

これは細い糸を繋ぐ結び方です。上記のシートベンドのような大味な手順では結びにくいときに使います

❶ シートベンド
❷ ダブルシートベンド

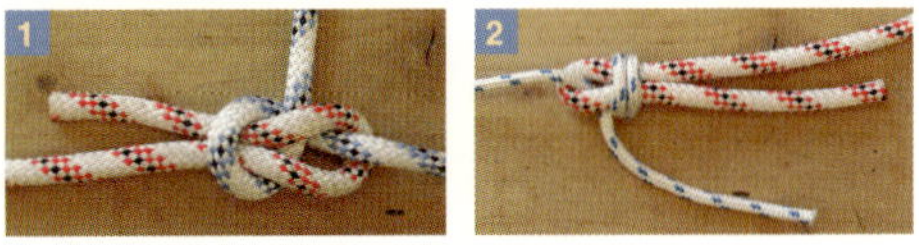

ダブルシートベンド

DVD chapter 5-1

その名の通り、シートベンドをよりしっかりと解けにくくした結びです。時々単純なシートベンドでは滑って抜けてしまうことがあります。とくに太さの違うロープ同士を繋ぐ場合、細いロープがうまくからまずに、スルスルと抜けてしまうことがよくあります。そんなときには細いロープを2回かけてこの繋ぎ方をするとよいでしょう。手順はまさにシートベンドを2回、ダブルでシートベンドをするというものです。

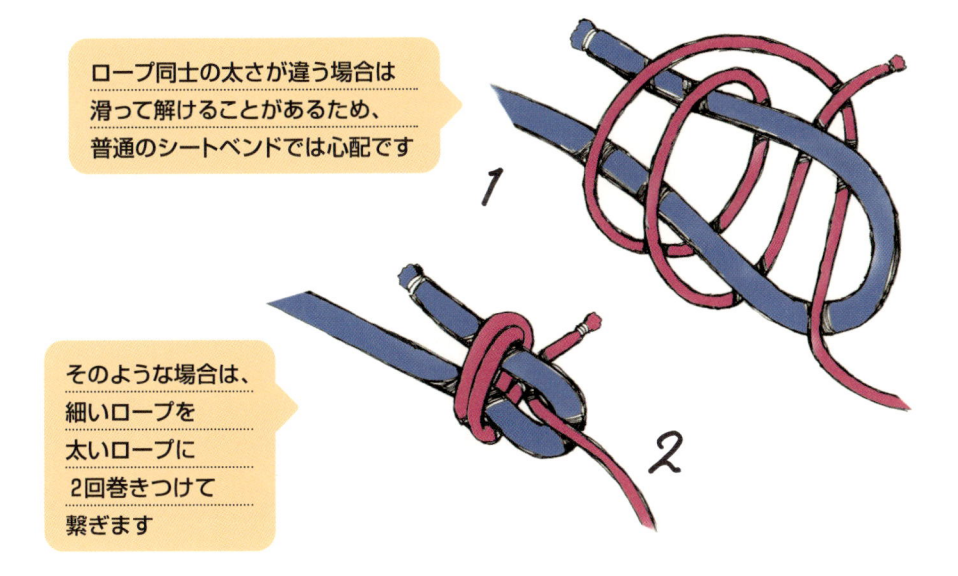

ロープ同士の太さが違う場合は
滑って解けることがあるため、
普通のシートベンドでは心配です

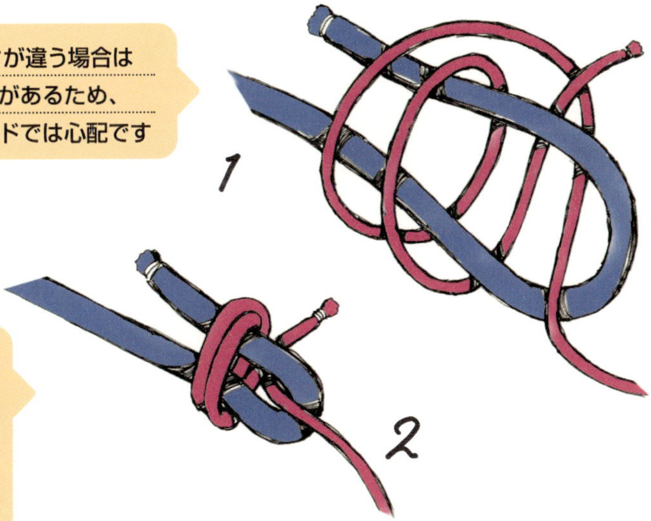

そのような場合は、
細いロープを
太いロープに
2回巻きつけて
繋ぎます

COLUMN 13

飾り結びのいろいろ［11］

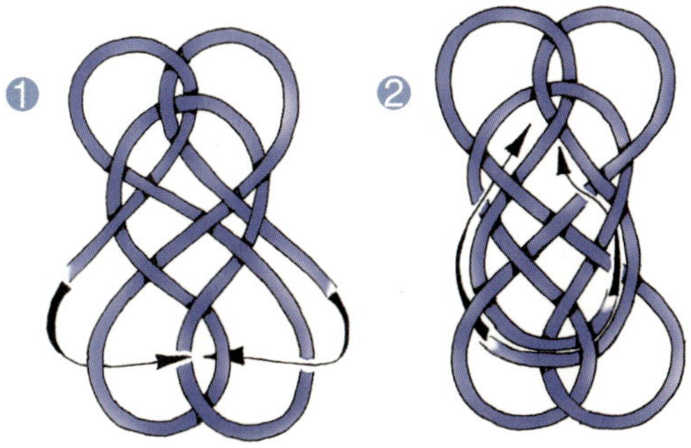

この飾り結びも平らなシンメトリー（対称）の編み込みパターンですから、しっかりと編み込んでいけば実用的なマットにもなります。また色や体裁のよい糸やひもを使ってゆったりと編み込めば、女性用ブラウスの模様にもなりそうです。

chapter 5

2本のロープの繋ぎ方

【長さが足りないロープを延長したりロープ同士を繋ぎ合わせるテクニック】

オーバーハンドベンド

DVD chapter 5-1

ロープを繋ぐ方法の中で最も簡単なものとして、このひとえ結びを使った繋ぎ方が挙げられます。2通りの方法があって、それぞれ優れた点があり手順も違ってきます。片方は切れかけたロープの補強に、もう片方はより固く繋ぐときに適しています。結び目は大きくて頑丈になりますが、その代わりに締めすぎるとまったく解けないほど固くなってしまいます。ほぼ永久的に繋いでおく場合のみ有効な繋ぎ方といえるでしょう。

繋ぎ合わせる2本の
ロープを束ねて持ち、
そのまままとめて
ひとえ結びをすれば
できあがります

切れかかったロープの
補強に使うことができます。
ロープの傷口を境に2つ折りにして結べば、
破損ロープの応急処置になるというわけです。
しかしこの繋ぎ方では
結び目に少し滑りができてしまいます

2本のロープの結び目として
滑りを嫌う個所には、
一方のロープに緩めのひとえ結びを作り
そこに他方のロープを結び目に沿わせて通します

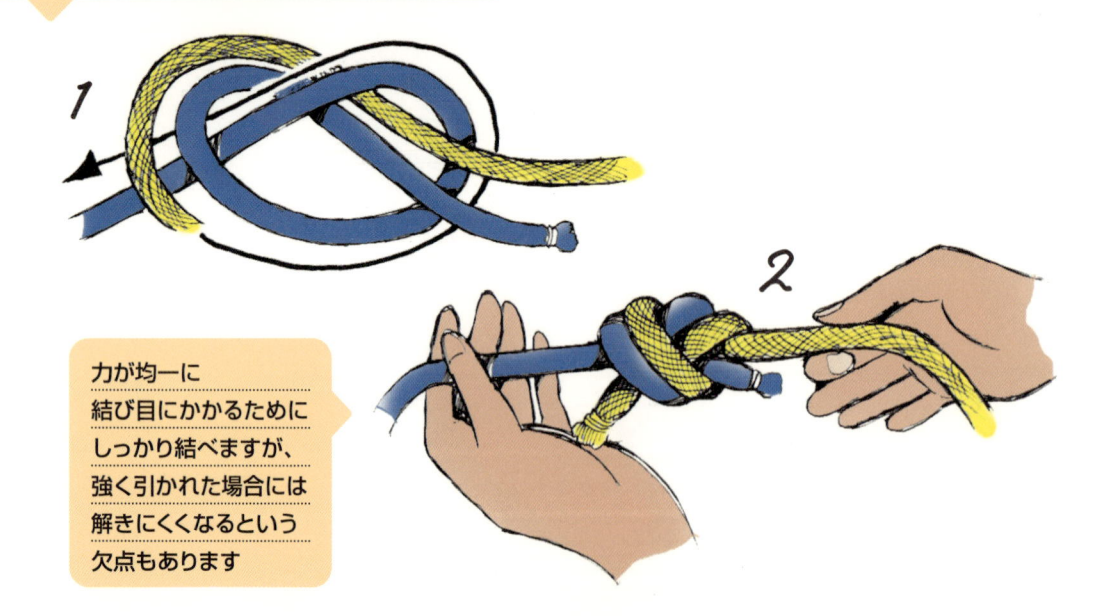

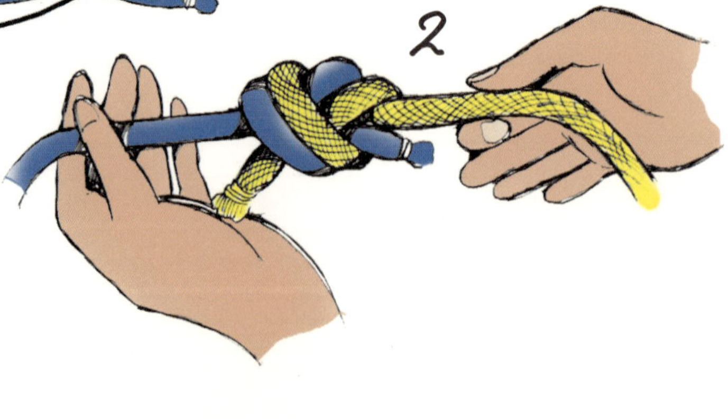

力が均一に
結び目にかかるために
しっかり結べますが、
強く引かれた場合には
解きにくくなるという
欠点もあります

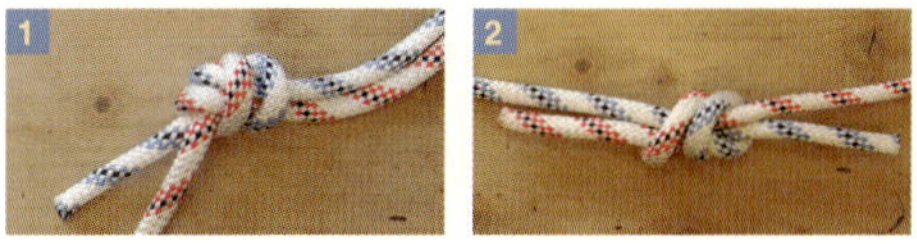

❶ オーバーハンドベンド
❷ イングリッシュノット

イングリッシュノット

DVD chapter 5-1

この繋ぎ方にはいろいろな名前があって、ほかに「ウォーターノット」「トゥルーラバースノット」「フィッシャーマンズノット」「アングラーズノット」とも呼ばれています。そのうちトゥルーラバースノットとはロマンティックな名前ですが、これは2つの結び目の間隔を自由に調節できることに由来しています。つまり結び目が一度離ればなれになってもロープを引けばまたぴったりとくっついてしまう、ということだそうです。

ひとえ結びを2つ使った繋ぎ方です。
一方のロープの端にひとえ結びを作り、
他方のロープを結び目に貫通させたら
2つ目のひとえ結びをします

両方のロープを互いに引いて
締めつければ完成です。
結び目が美しく、2つの結び目の間隔を
自由に調整することもできます。
2本のロープを繋ぐときだけではなく、
1本のロープの両端同士を
結び合わせるときにも使われます

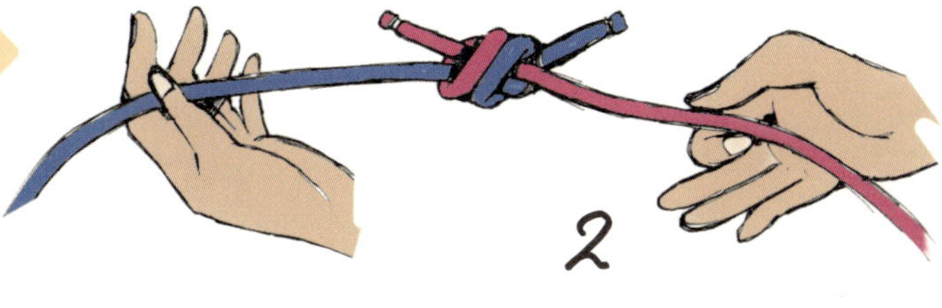

COLUMN 14

つり(テグス)に使う結び[1]

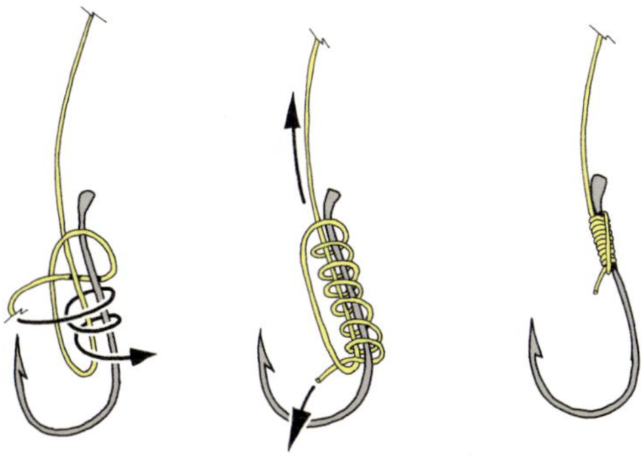

釣りのテグスというものは材質がとても滑りやすいので、シンプルな結びだと簡単に解けてしまいます。そこでできるだけテグス同士の絡み合いによる摩擦を多くして、滑らないように工夫されている場合がほとんどです。

本結び(リーフノット)

DVD chapter 5-2

「スクエアノット」とも呼ばれ、アウトドアスポーツに限らず日常生活でもさまざまな用途で広く使われている結びです。「2本のロープの繋ぎ方」で紹介されていることに違和感を持たれる方もいるかもしれません。今さら説明など要らないかもしれませんが、大きな落とし穴があります。ロープを交差させる手順や差し込む個所を間違えると似て非なる結び、解きにくくなったり逆に非常に滑りやすい結びになってしまいます。

この繋ぎ方は
ロープの太さが違うと滑りやすくなるため、
強い力がかかる個所には使えません。
どちらかといえば、
2本のロープを繋ぐ目的よりも
何かを束ねて縛る場合によく使われます

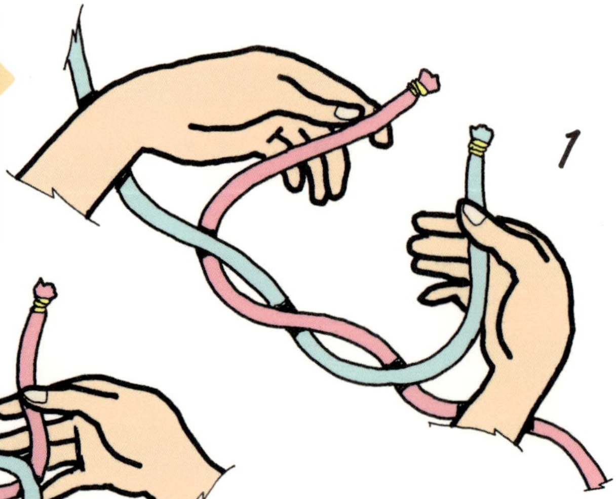

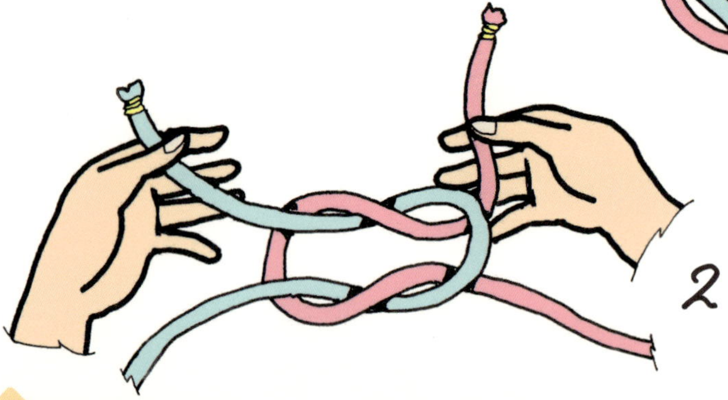

1本のロープ端部と中腹が、
結び目の同じ面から出るように結ぶのが正しい方法です。
締めつけると、結び目から出ているロープ端部が
ロープ中腹と平行になるはずです

このようにロープを強く引くと結び目が反転して
解けやすくなります。
これを利点として仮縛りには適しています。
ヨットの帆を畳んだときに使われることから、
リーフ(縮帆すること)ノットとも呼ばれています

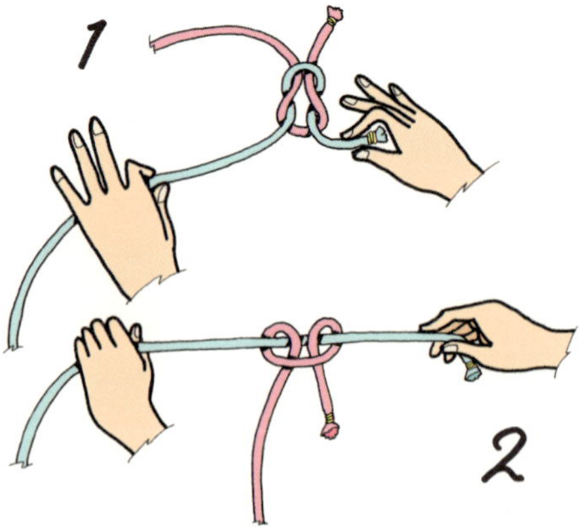

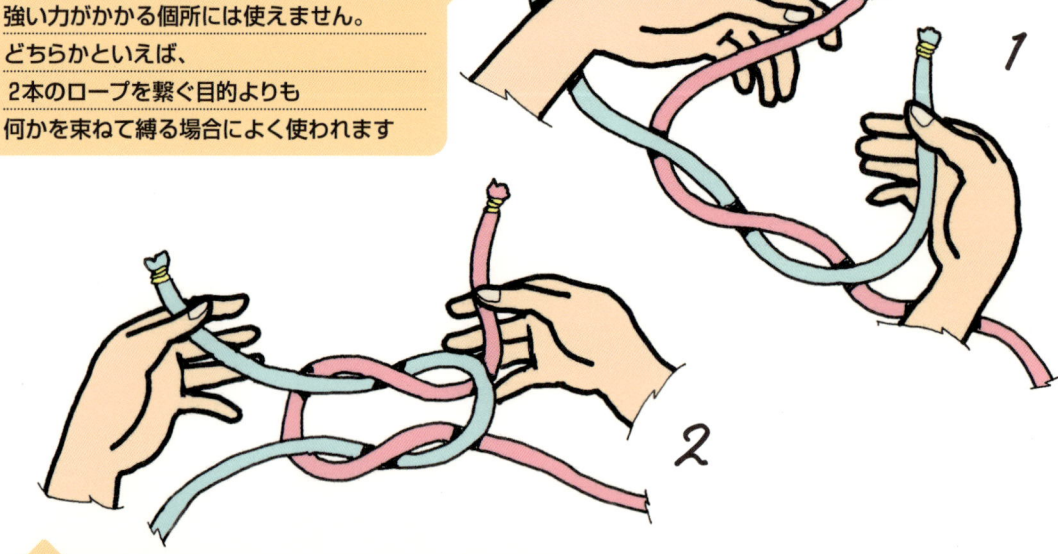

本結びと似て非なるもの、
それがこの
「たて結び(グラニーノット)」です。
本結びのつもりで、
利き手をそのまま2回動かすと
ついついこの結びになって
しまう場合が多いようです

締めつけると
結び目から出ているロープ端部が
ロープ中腹と垂直になってしまい、
固く締まると解きにくくなります

これは「ブレッドバッグノット」
と呼ばれる結びで、
本結びの結び手と持ち手を
逆にしたような形をしています

これは「ワットノット」
と呼ばれる結びで、
ブレッドバッグノットの「たて結び」版
といったところでしょう。
非常に滑りやすい結びなので
用途は限られてきます

chapter 5

2本のロープの繋ぎ方

【長さが足りないロープを延長したりロープ同士を繋ぎ合わせるテクニック】

大綱繋ぎ

繋ぐロープが太すぎて複雑な結び方ができない場合は、シージング（細いロープなどで束ねて縛ること）を併用するとよいでしょう。それでも不安な場合は、結び目のロープ一点に力が集中しないように工夫することが必要になります。シージングを併用すればほかにもさまざまな結び方が考えられますが、結ぶときと解くときにシージングをしたり取り除く作業が必要になり多少面倒です。しかしその分、一番確実な方法ともいえるでしょう。

ロープ同士で松葉を組むように合わせ、
ロープ端部をそのロープ中腹に
巻きつけてからシージング
（細い糸などで束ねて縛ること）
して仕上げます

このようにロープ端部を
相手のロープ中腹に巻きつけてから
シージングすれば、
力の集中を避けることができます。
繋ぐロープ同士の負担が軽くて
かつ解きやすいという優れた繋ぎ方で、
とくに太いロープ同士を繋ぐときに適しています

COLUMN 15

つり（テグス）に使う結び［2］

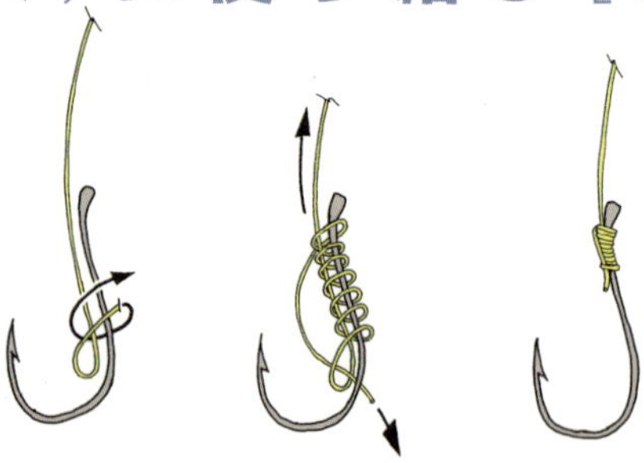

人類が針と餌を使って魚を捕ることを覚えると同時に、針に糸やひもを結ぶ工夫が生まれたと想像できます。古今東西、世界各地の漁師が試行錯誤を繰り返し、さまざまな結びを考案してきたのでしょう。それら漁の方法や使用する釣り道具、仕掛けの違いによって、どれが一番釣りに向いている結びであるかは決められません。しかし基本的な結びは、だいたいどこでも似たようなモノになってくるのがおもしろいところです。

ボーラインベンドとツインボーラインノット

2つのもやい結び（ボーラインノット）のループを単純に繋いだ「ボーラインベンド」という繋ぎ方では、ロープが接触している個所に力が集中してしまい、ちょっと不安な場合があります。しかし同じようにもやい結びを2つ使う繋ぎ方でも、工夫次第でこの不安を取り除くことができます。これが「ツインボーラインノット」と呼ばれる繋ぎ方で、互いのロープ中腹にもやい結びをすることにより、力を分散させることができます。

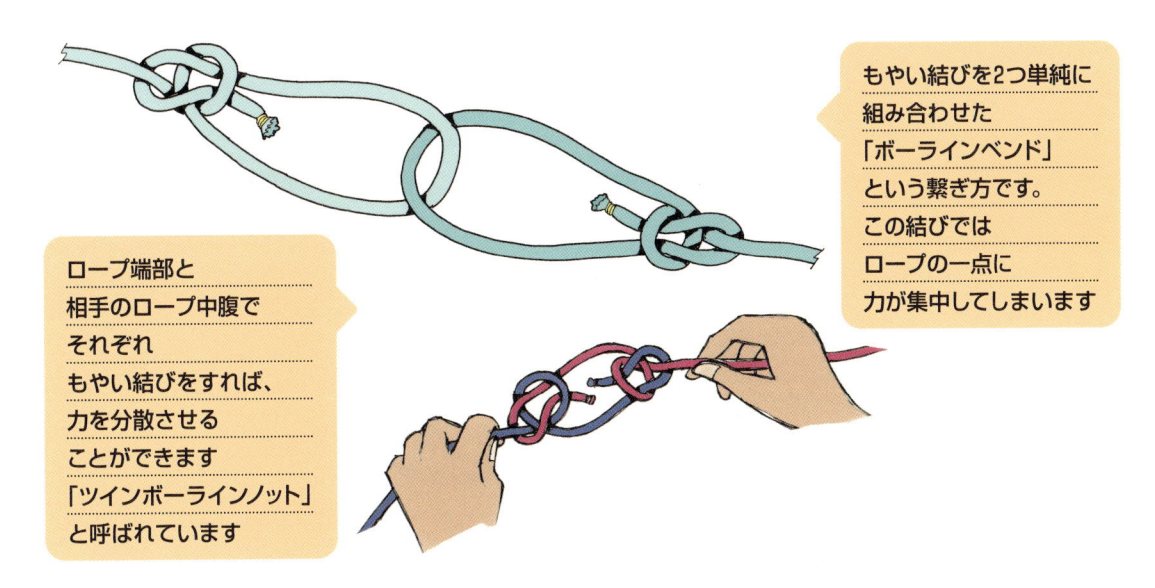

もやい結びを2つ単純に組み合わせた「ボーラインベンド」という繋ぎ方です。この結びではロープの一点に力が集中してしまいます
ロープ端部と相手のロープ中腹でそれぞれもやい結びをすれば、力を分散させることができます「ツインボーラインノット」と呼ばれています

COLUMN 16

つり（テグス）に使う結び［3］

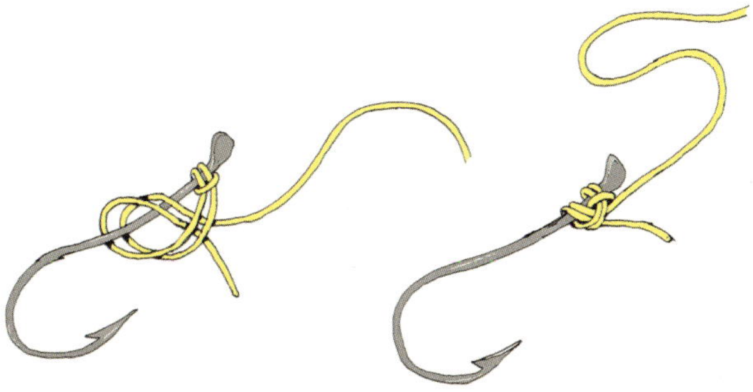

近代から現代へと、釣り道具は驚くほど進歩しました。しかし針に糸を結ぶという、原始的な作業は昔も今も変わらないようです。それでも現在では昔と材質の違う糸「テグス」になったことで、新しい結びへの工夫も生まれました。

chapter 5

2本のロープの繋ぎ方
【長さが足りないロープを延長したりロープ同士を繋ぎ合わせるテクニック】

バーレルノット

DVD chapter 5-2

2本のロープをしっかりと結んで、そのあと解けないようにしたい場合にこの結びが最適です。はえなわ漁で仕かけを作るときにも使われているそうで、それだけしっかりと繋ぐことができます。逆にいったん強く締めつけたら、ほとんど解くのは不可能だと思っていたほうがよいでしょう。とくに細いロープや糸ではなおさらです。このようにある一面で優れた結びでも、その用途を十分に考えてから使用することが必要です。

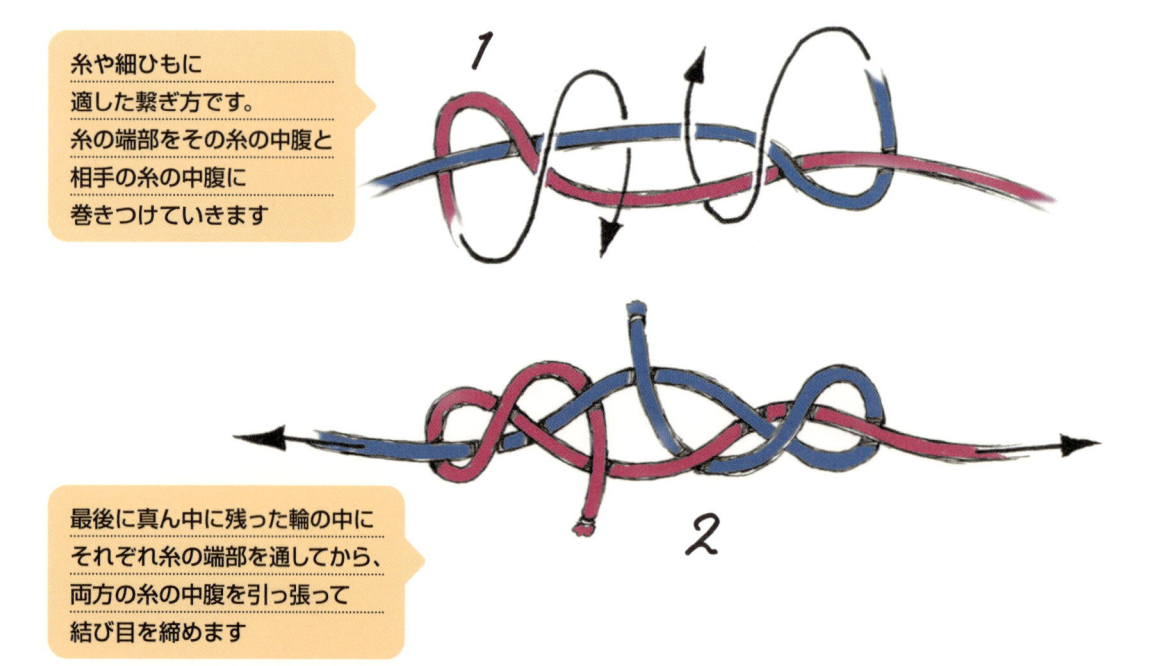

糸や細ひもに
適した繋ぎ方です。
糸の端部をその糸の中腹と
相手の糸の中腹に
巻きつけていきます

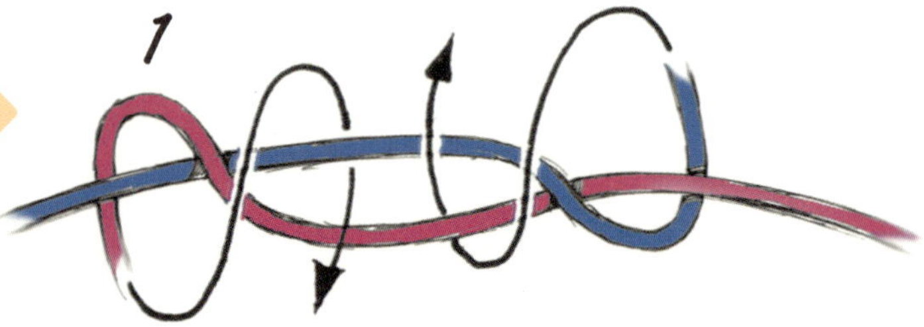

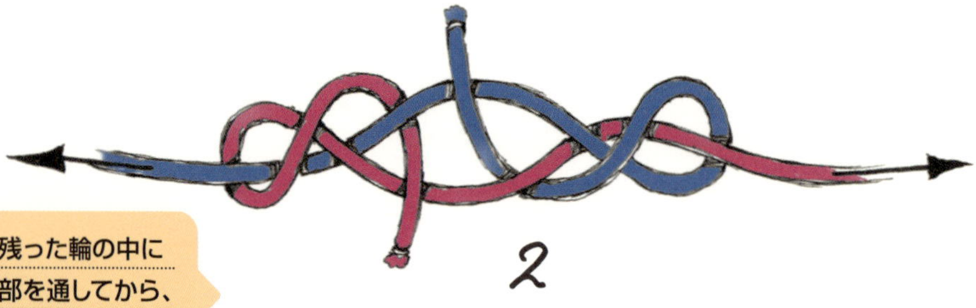

最後に真ん中に残った輪の中に
それぞれ糸の端部を通してから、
両方の糸の中腹を引っ張って
結び目を締めます

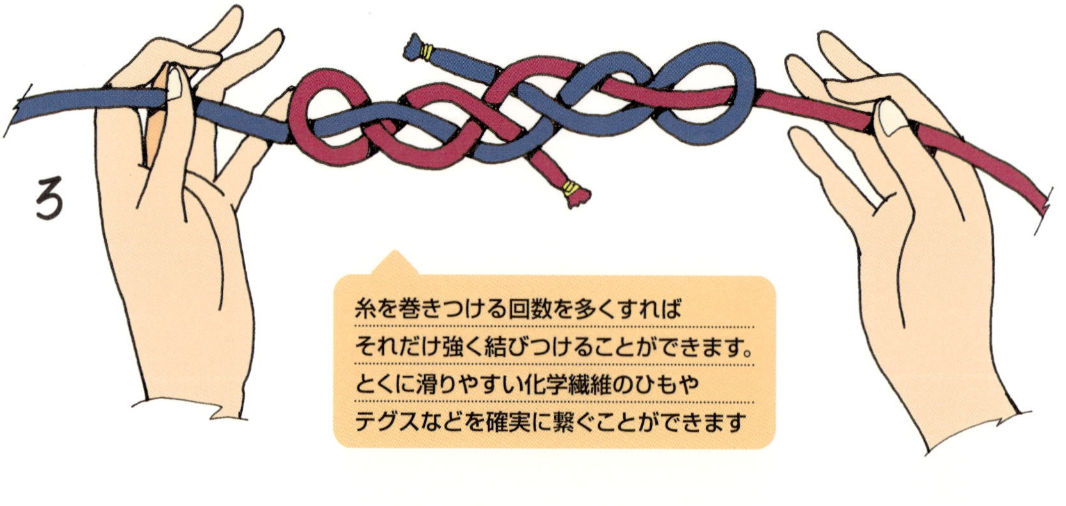

糸を巻きつける回数を多くすれば
それだけ強く結びつけることができます。
とくに滑りやすい化学繊維のひもや
テグスなどを確実に繋ぐことができます

ダブルポリッシュノット

糸や細ひもに最適ですが、一般のロープにも適用できて信頼性のある繋ぎ方です。最初、ロープを8の字にする手順が難しいと思いますが、持ち手でロープ中腹を支え持って結び手でロープをかけたら、あとは8の字の真ん中をしっかりと持ってその形を崩さないようにしましょう。すると結び手がスムーズに動くはずです。ロープで複雑な形を作る場合は、持ち手と結び手の役割をきっちりと分けることがポイントになります。

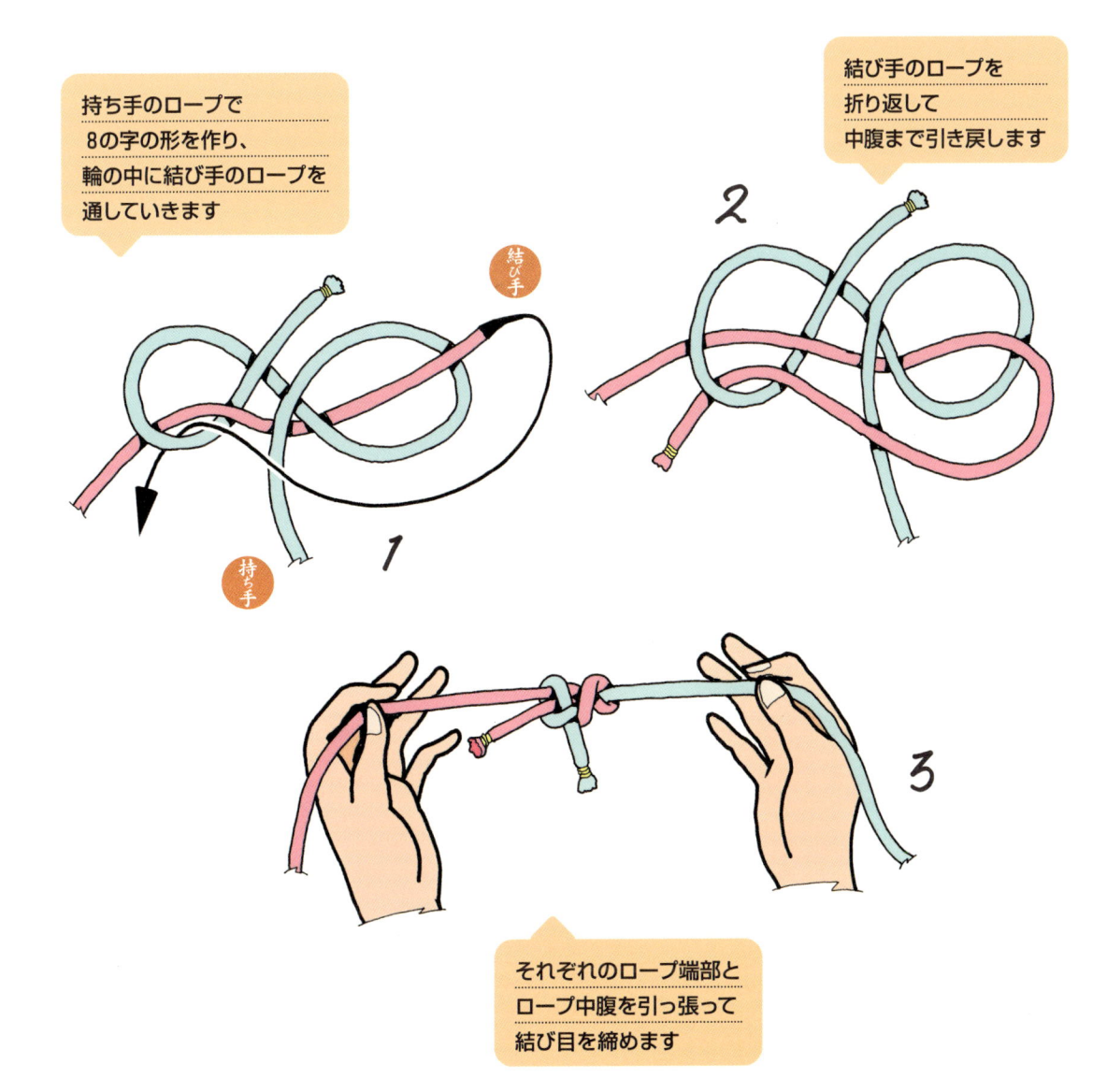

持ち手のロープで
8の字の形を作り、
輪の中に結び手のロープを
通していきます

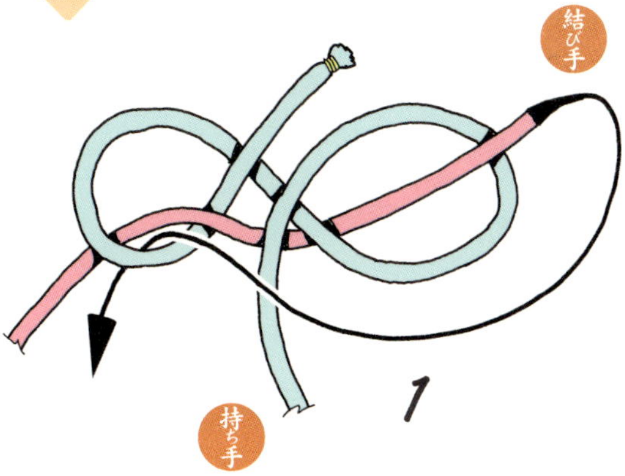

結び手のロープを
折り返して
中腹まで引き戻します

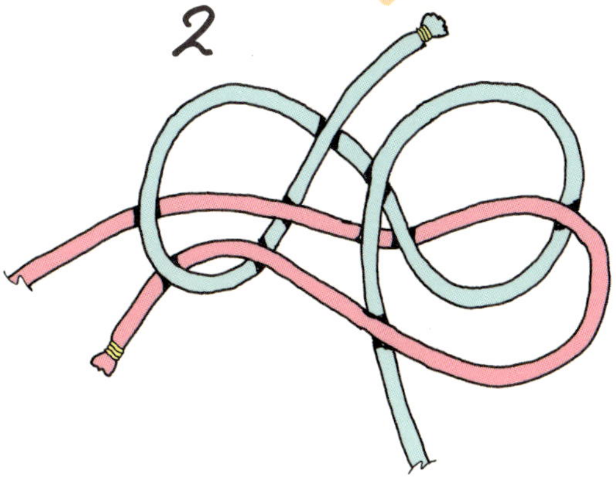

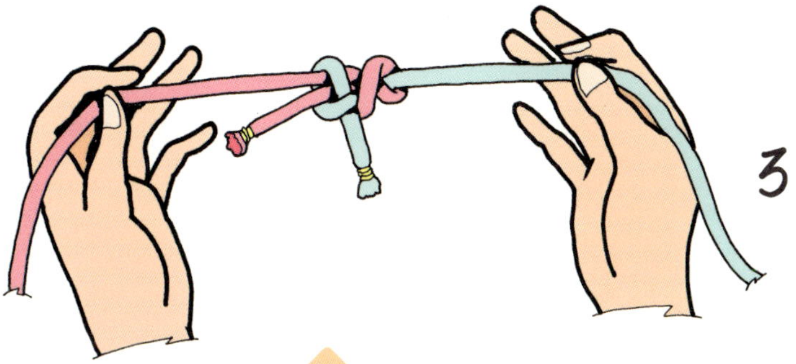

それぞれのロープ端部と
ロープ中腹を引っ張って
結び目を締めます

chapter 5

2本のロープの繋ぎ方

【長さが足りないロープを延長したりロープ同士を繋ぎ合わせるテクニック】

ハウザーベンド

DVD chapter 5-2

この結びは手順も結び目もシートベンドに似ていますが、さらにひと工夫加えられています。シートベンドはしっかりとした結びなので、かえって力がかかるほど結び目が固く、柔軟性がなくなって、瞬間的にかかる大きな力を吸収できなくなってしまいます。そこで結び目が固くならないようにして、結び目にショックアブソーバー（衝撃吸収装置）の役割を持たせた繋ぎ方が、この「ハウザーベンド」です。

通常、繋がれた2本のロープに強い力がかかると、結び目が固く締まってしまい解くのにたいへん苦労します。ところがこの繋ぎ方は、解きやすくても信頼性が高い、という優れたものです

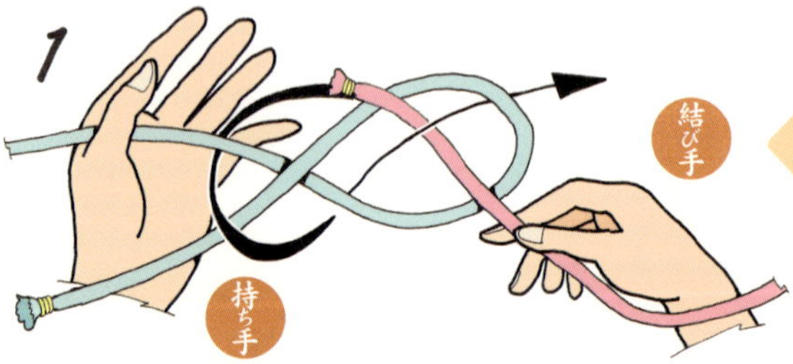

持ち手のロープで輪を作り、そこに結び手のロープ端部をかけていきます

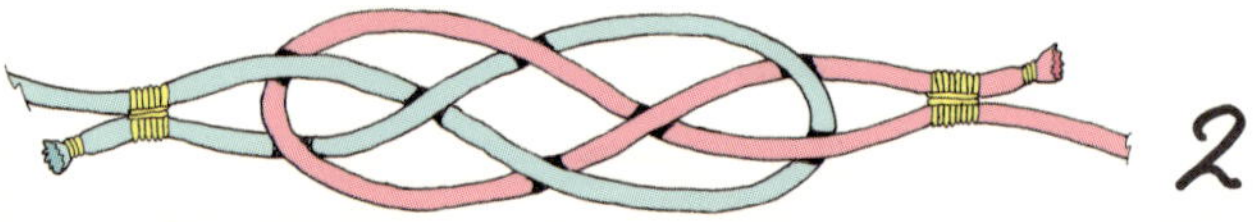

両方のロープ端部をシージング（細い糸などで束ねて縛ること）することによって結びが完成します。
シージングしない場合は「カーリックベンド」と呼びます

COLUMN 17

つり（テグス）に使う結び［4］

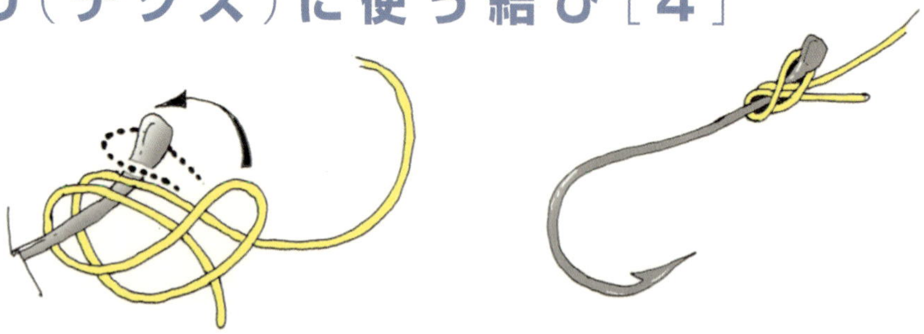

釣りの仕掛けも、店へ行けば簡単に手に入れることができる時代です。そのバリエーションも豊富になり、アングラーが手間暇かけて自分で作ることもなくなってきました。しかし自分好みの仕掛けを作るのも、釣りの楽しさのひとつであるという人は少なくありません。仕掛けによって結びもさまざまに工夫しなければならないので、ますます結びの奥深さを知ることになります。

1 ハウザーベンド
2 ダブルオーバーハンドベンド

ダブルオーバーハンドベンド

DVD chapter 5-2

ひとえ結びを使った繋ぎ方(オーバーハンドベンド)を2度回しにしたものです。滑りやすい化学繊維の糸やロープ、とくに釣りで使うテグスなどには有効です。手順は単純明快、すぐにでも覚えることができそうで非常に便利な結びだといえます。ただし、ひとえ結びを一度結んだだけでも結び目を解くのは至難の業ですから、この2度回し(ダブル)では、よほど解く可能性がない個所に限定して使うとよいでしょう。

持ち手のロープに
ごく緩くひとえ結びを
2度回します

結び手のロープ端部を
持ち手のロープで作った
結び目の通りにかけていき、
持ち手のロープ中腹まで導きます

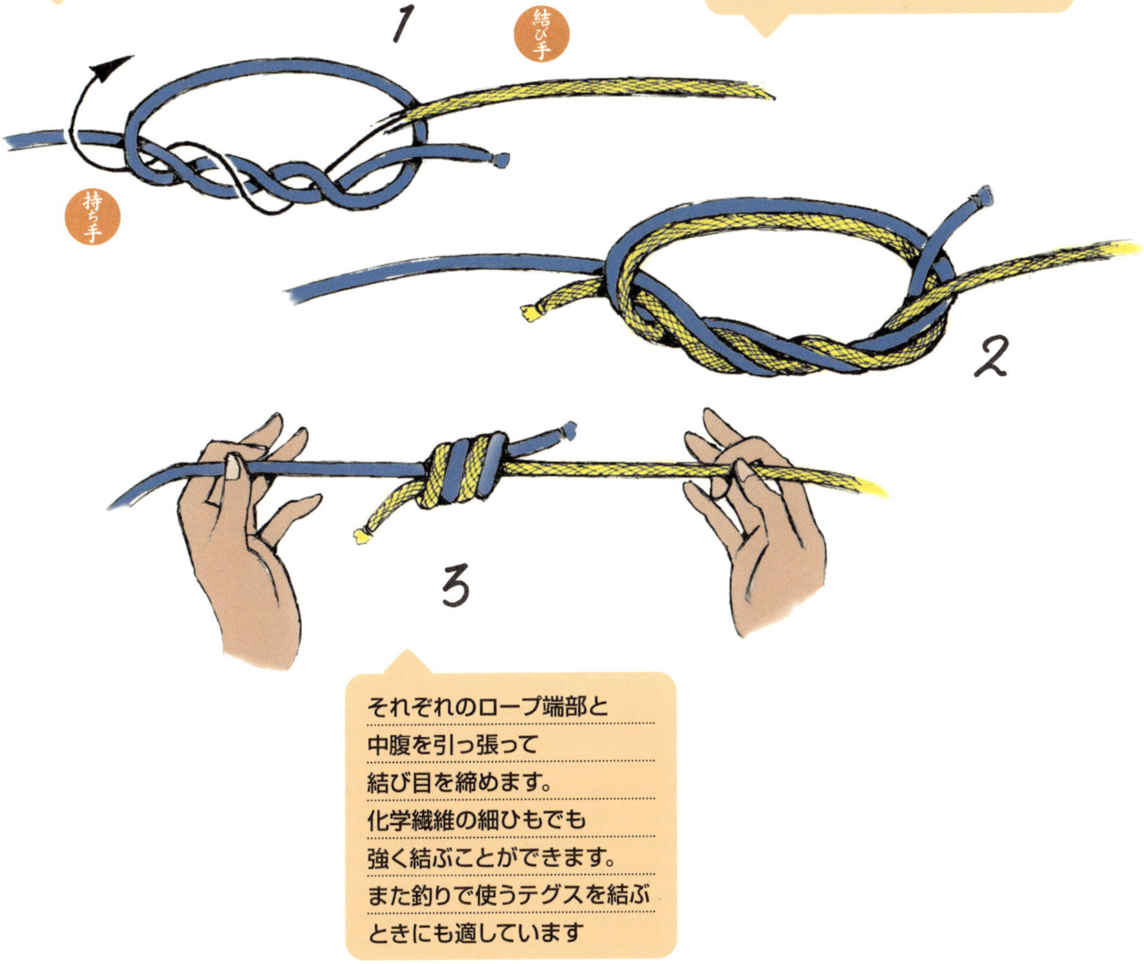

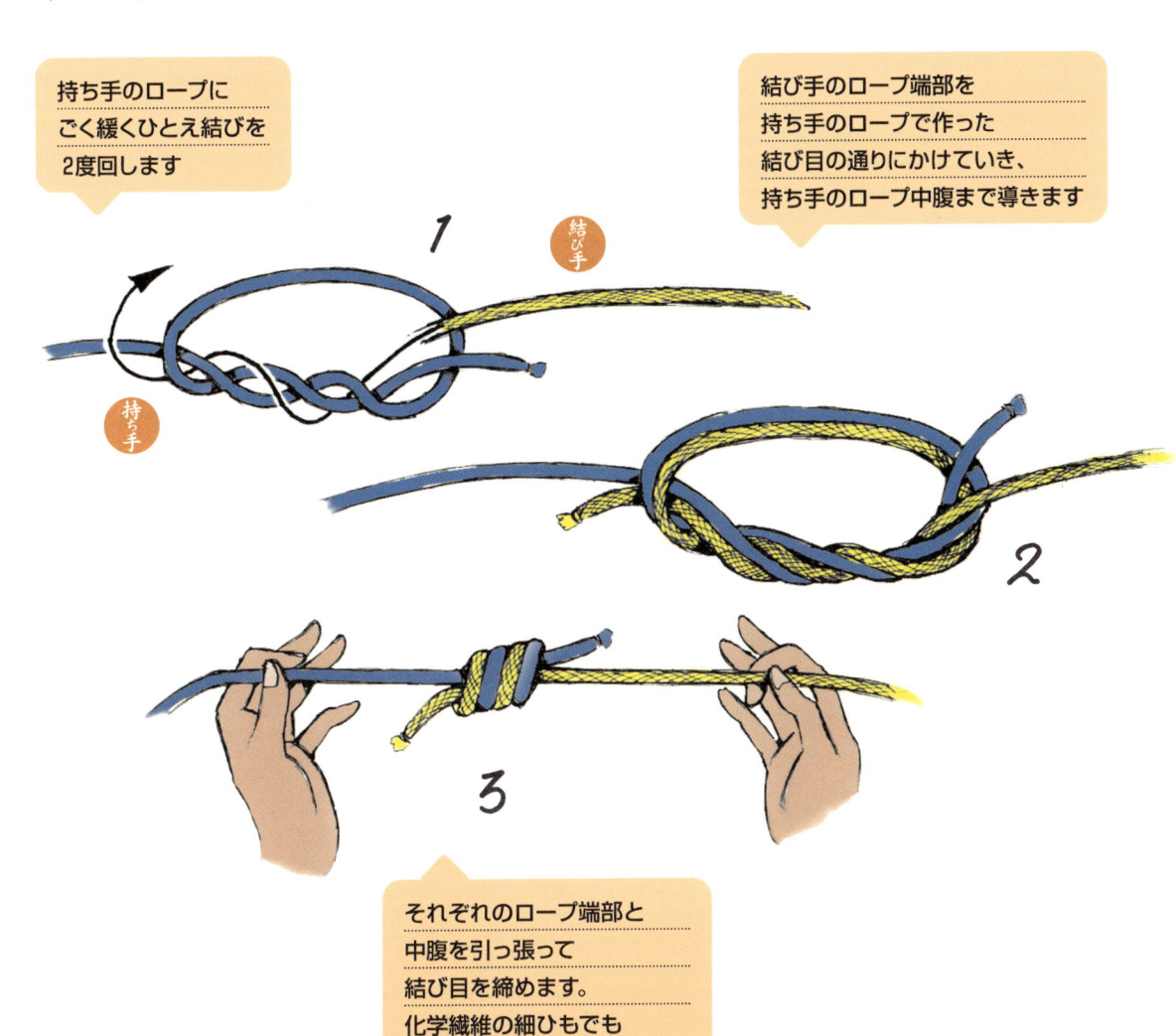

それぞれのロープ端部と
中腹を引っ張って
結び目を締めます。
化学繊維の細ひもでも
強く結ぶことができます。
また釣りで使うテグスを結ぶ
ときにも適しています

クラブヒッチ

きちんと結びつけることができて、かつ解くときには簡単に、というたいへん優れた性格の縛り方です。そのためアウトドアスポーツのみならず、日常生活でも活躍する場面が多いことでしょう。また、縛る対象物の一端が切れている場合と両端が切れていない場合で、結び方が違ってきます。つまりどちらの場合にも対応できて、ますます用途が広がるというわけです。解くときは結び目から出ているロープをお互いに押すように緩めます。

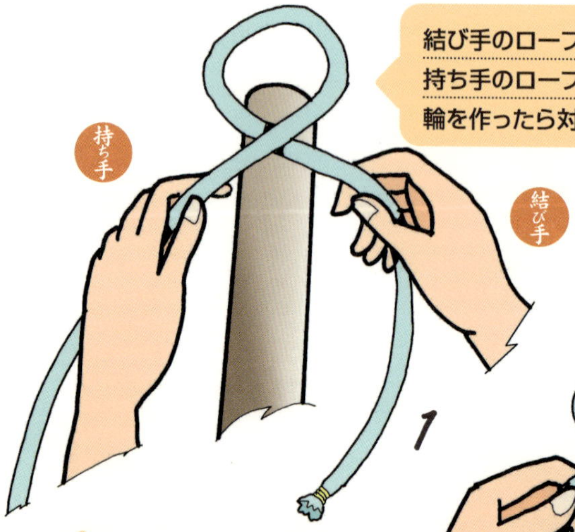

結び手のロープが
持ち手のロープの下になるように
輪を作ったら対象物にかけます

別名「とっくり結び」
とも呼ばれています。
簡単でも
しっかり縛りつけられるため、
数ある縛り方の中でも
優れたもののひとつと
いえるでしょう

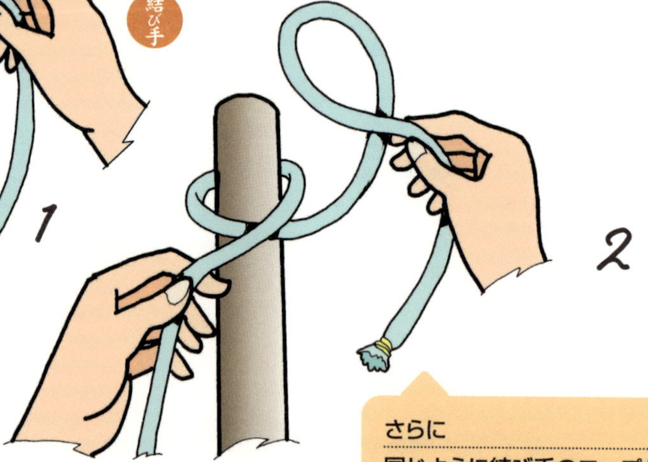

さらに
同じように結び手のロープが
持ち手のロープの下になるように
輪を作り、対象物にかけます

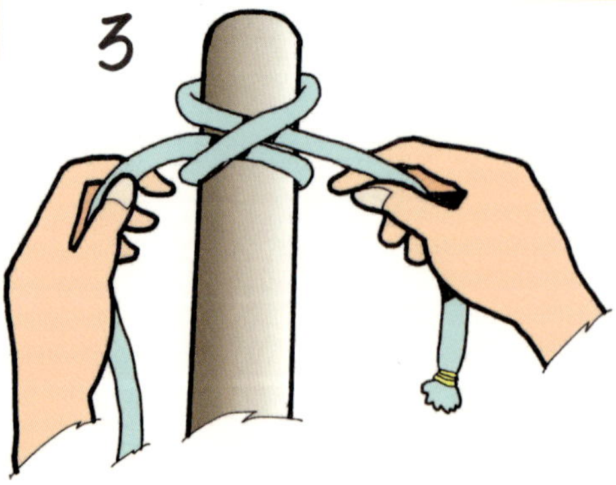

船の係留ロープを
一時的に杭に
留めておくときにも
使われることから
「舟子（かこ）結び」
とも呼ばれています

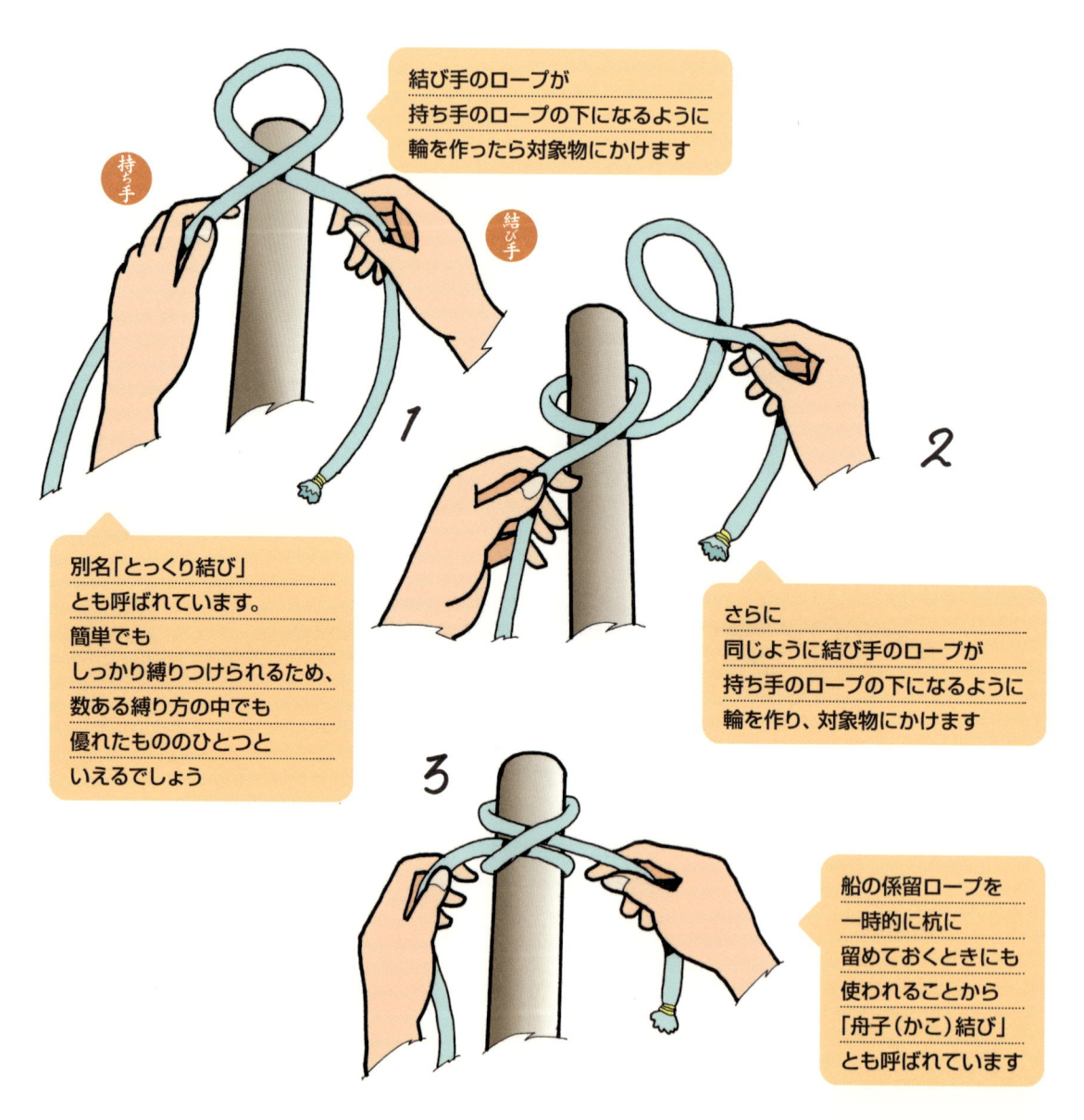

杭のように頭から輪を
通せない対象物でも、
ロープ端部をかけていき
縛ることができます

このとき結び手のロープ端部を
折り返して輪に通せば、
より解きやすい縛り方になって
実用的です

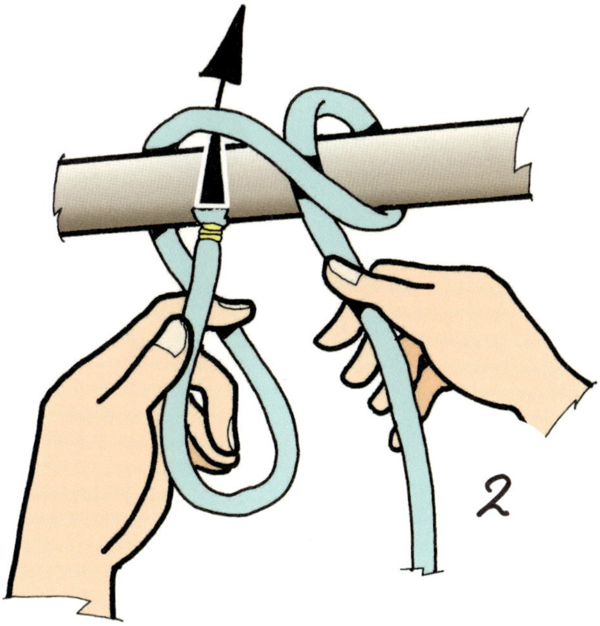

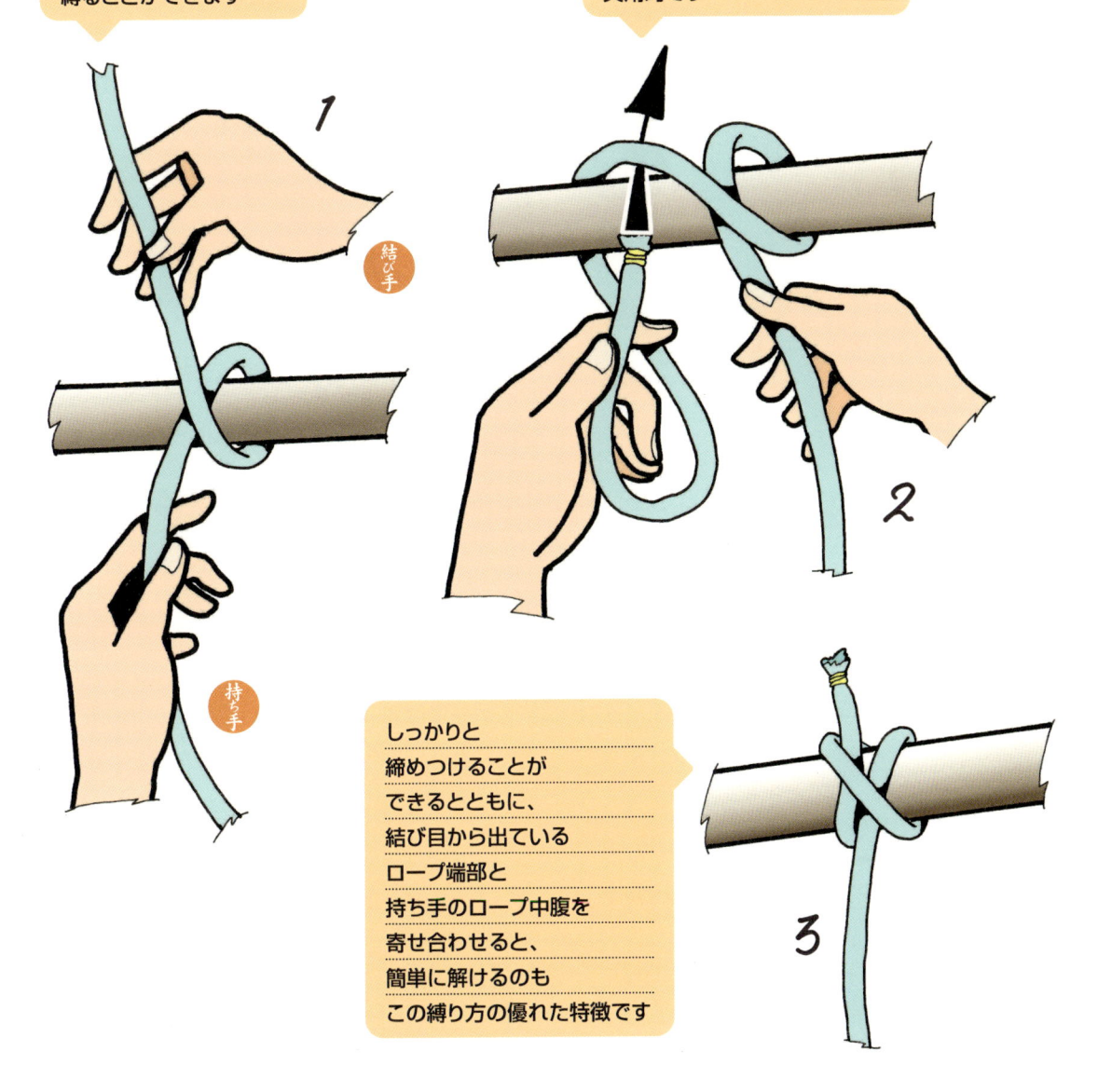

しっかりと
締めつけることが
できるとともに、
結び目から出ている
ロープ端部と
持ち手のロープ中腹を
寄せ合わせると、
簡単に解けるのも
この縛り方の優れた特徴です

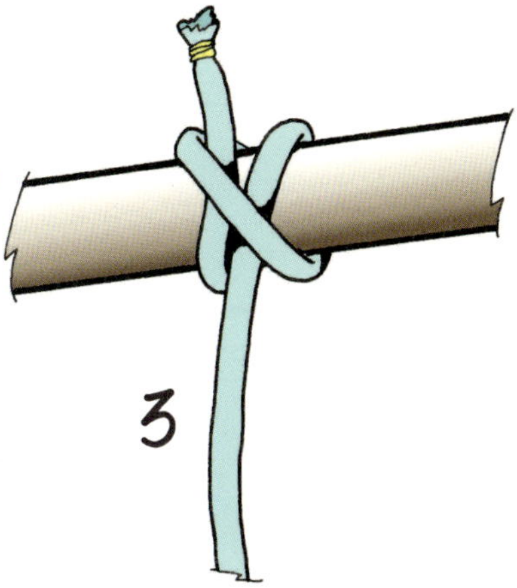

6 chapter

縛りつける結び方
【太古から現代まで生活に息づく日常的なテクニック】

ハーフヒッチ

縛りつける結びの基本といえるでしょう。これ以上簡単な結びはないと紹介したひとえ結び（オーバーハンドノット）に対応する縛り方が、この「ハーフヒッチ」です。ひとえ結びの輪の中に、縛りつける対象物を入れたものと考えてください。ただしハーフヒッチが「ツーハーフヒッチ」になるだけで、実用面では大きく違ってきます。結び方ひとつが命に関わることもあるセーリングヨットでも多用されている縛り方です。

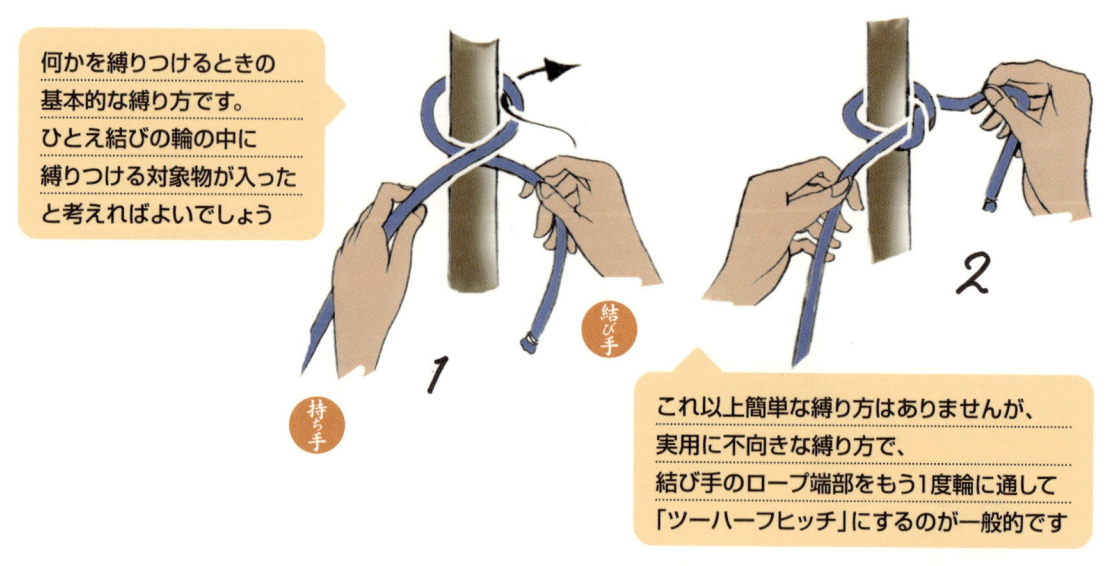

何かを縛りつけるときの
基本的な縛り方です。
ひとえ結びの輪の中に
縛りつける対象物が入った
と考えればよいでしょう

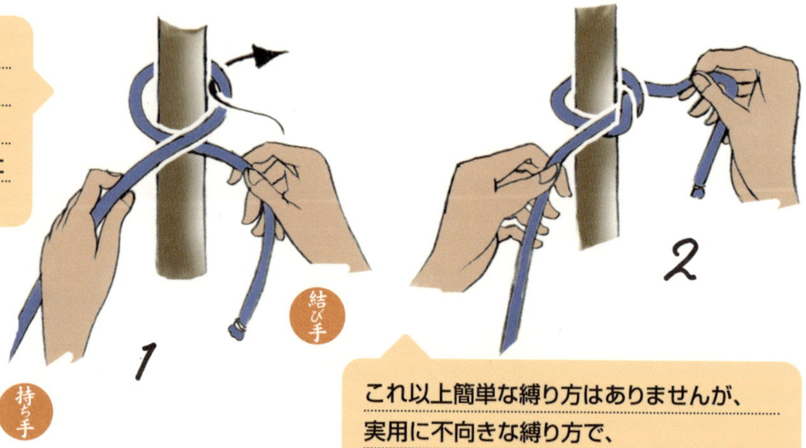

これ以上簡単な縛り方はありませんが、
実用に不向きな縛り方で、
結び手のロープ端部をもう1度輪に通して
「ツーハーフヒッチ」にするのが一般的です

COLUMN 18

つり（テグス）に使う結び［5］

針にテグスを結ぶ、またはテグス同士を結ぶというのは、ほとんど結ぶだけの一方通行のようです。とにかく解けないということが一番の目的、というより、解く必要がないともいえます。そこでできるだけ複雑に絡めて結ぶ方法が多いのです。

天幕結び（ローバンドヒッチ）

クラブヒッチの発展型といえる縛り方です。この縛り方以外にもクラブヒッチを応用した縛り方がたくさんあって、それだけクラブヒッチの完成度が高いことを証明しているといえるでしょう。これらクラブヒッチを応用した縛り方には一長一短あって、この天幕結びの場合、クラブヒッチよりもしっかりと結べる代わりに、対象物の頭から輪を通して手軽に縛るという用途には向いていません。また多少解きにくくもなります。

クラブヒッチから
さらに結び手を
対象物にかけ回した
縛り方で、
よりしっかりと
縛りつけることができます

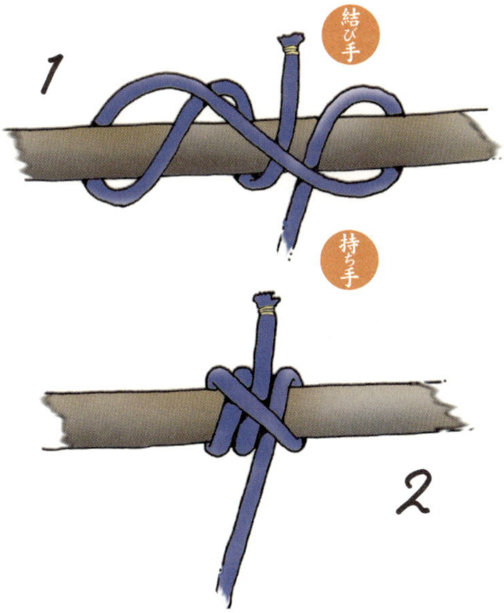

名前の通り
テントを張るときに
使われます

COLUMN 19

シージングとホイッピング［1］

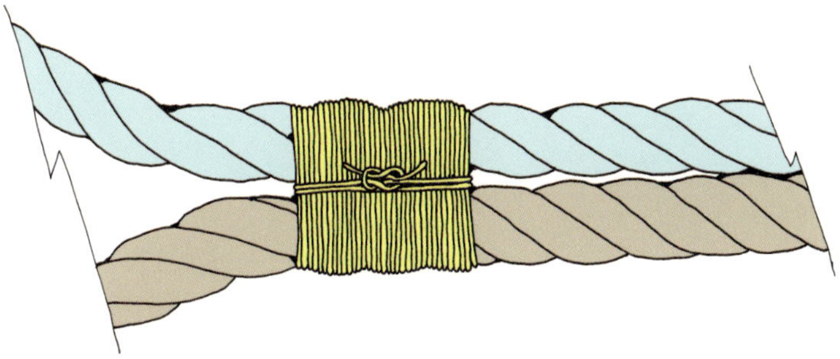

「シージング」というのは「掴む」「束ねる」という意味で、英語からきた言葉です。おもに船の用語として、細いロープもしくは糸を使って複数のロープやワイヤを束ねて巻きつけることをいいます。とくに昔の帆船時代には、これらのテクニックは非常に重要な甲板作業だったのです。

フィギュアエイトヒッチ

8の字結びを応用した縛り方です。8の字結びのことを「フィギュアエイトノット」と呼びましたが、それを「ヒッチ」にしたものと考えてください。ちなみに「ヒッチ（hitch）」とは、（ロープなどを）何かに引っかけたり、からませる、という意味です。フィギュアエイト「ノット」の場合は「輪をひとひねりして」と覚えましたが、「ヒッチ」の場合はそれができません。ですから「輪の外にロープをひと巻き」と覚えるとよいでしょう。

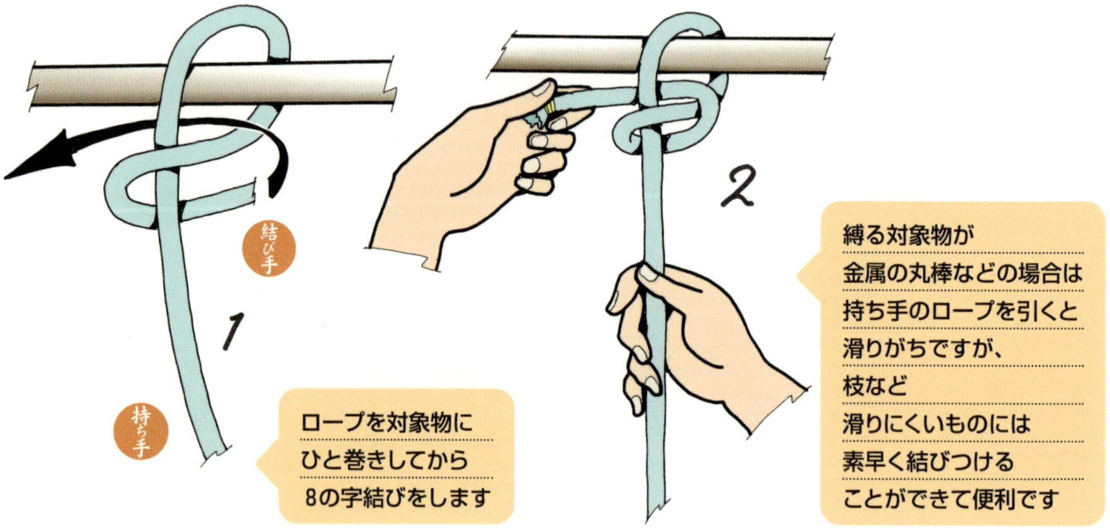
結び手
持ち手
1
ロープを対象物に
ひと巻きしてから
8の字結びをします
2
縛る対象物が
金属の丸棒などの場合は
持ち手のロープを引くと
滑りがちですが、
枝など
滑りにくいものには
素早く結びつける
ことができて便利です

COLUMN 20

シージングとホイッピング［2］

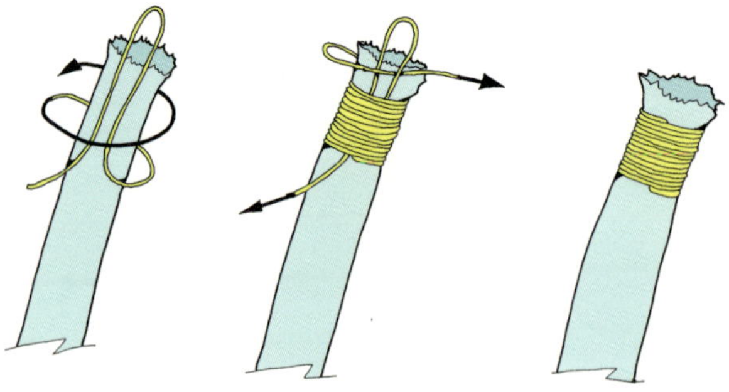

針と糸を使って洋服のボタン穴を縢る（かがる）、絎ける（くける）という作業があります。要するに布に穴を開けたあと、そのままにしておくと織りが解けてしまうので、切り口を始末するわけです。同じようにロープを切ったあとバラバラにならないように縢る（whip）ので「ホイッピング」といいます。

スナグヒッチ

この縛り方もクラブヒッチを応用したものと考えてよいでしょう。クラブヒッチよりもしっかり縛れるという点では優れています。縛る対象物が金属の棒など、とくに滑りやすい場合には有効です。ただし、対象物の頭から気軽に輪を通して縛る、ということはできません。いずれにせよクラブヒッチの縛り方（対象物の両端が切れていない場合）さえしっかりマスターしておけば、このスナグヒッチもたやすく覚えることができるでしょう。

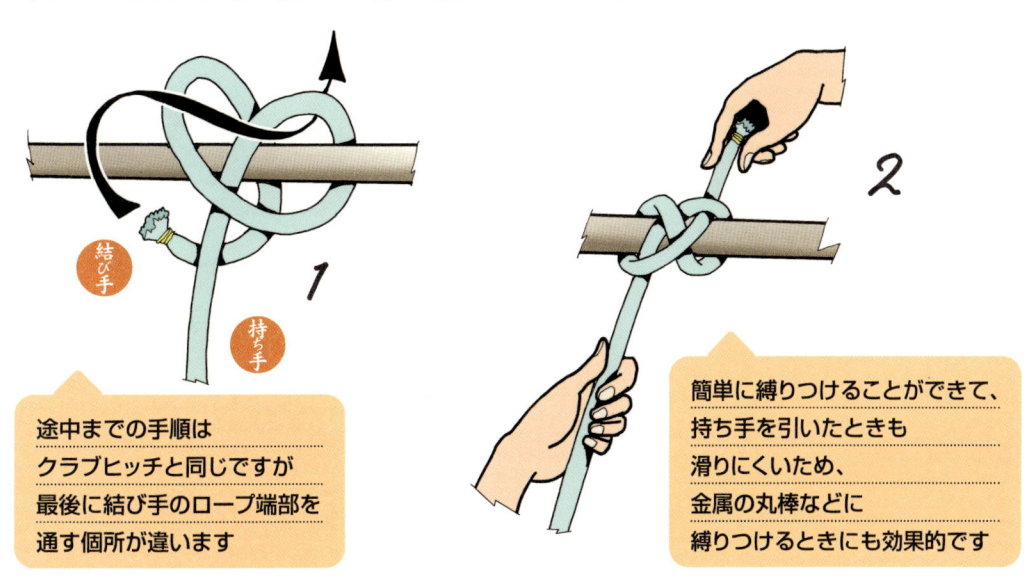

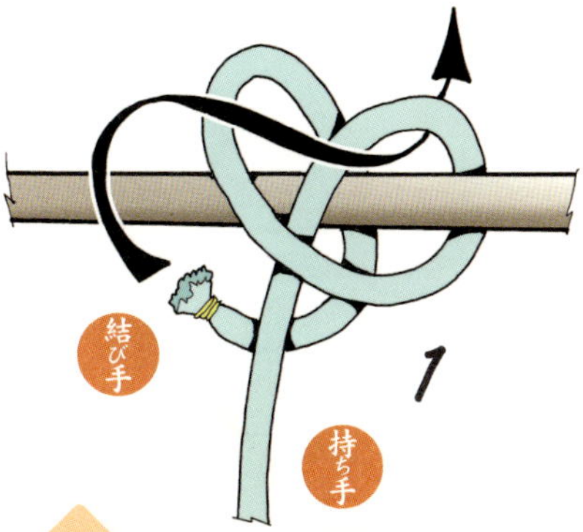

途中までの手順は
クラブヒッチと同じですが
最後に結び手のロープ端部を
通す個所が違います

簡単に縛りつけることができて、
持ち手を引いたときも
滑りにくいため、
金属の丸棒などに
縛りつけるときにも効果的です

COLUMN 21

シージングとホイッピング［3］

針を使わず、ひもや糸だけでするホイッピングもあります。最近のロープは石油化学製品でできているものが多くあります。そこでロープの端の処理には熱で溶かして固めてしまう方法がよく使われます。しかし硬くなってしまい手触りがよくありませんし、焼いたあと溶けて黒くなるのもあまり美しくはありません。できればきれいにホイッピングしたロープを扱いたいものです。

グランドラインヒッチ

この縛り方もクラブヒッチの応用型といえます。できあがりの結び目は「スナグヒッチ」に非常によく似ています。機能もスナグヒッチそっくりで、クラブヒッチよりも固く結ぶことができる代わりに、対象物の頭から気軽に輪を通して縛るということはできません。このグランドラインヒッチを覚えるには、やはりクラブヒッチの結び方（対象物の両端が切れていない場合）をまずマスターしてから、というのが得策だと思います。

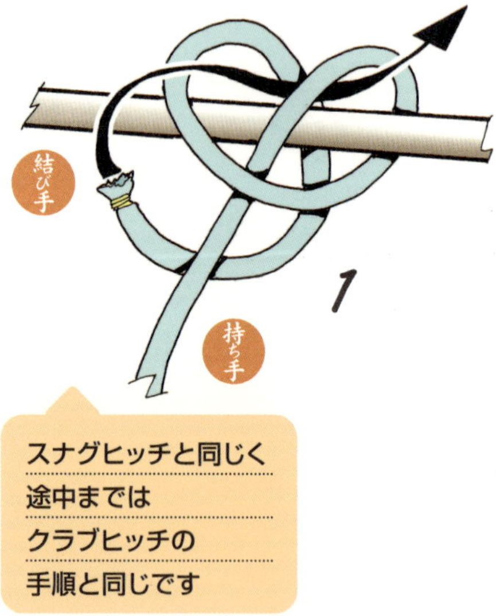
結び手
持ち手
1
スナグヒッチと同じく
途中までは
クラブヒッチの
手順と同じです

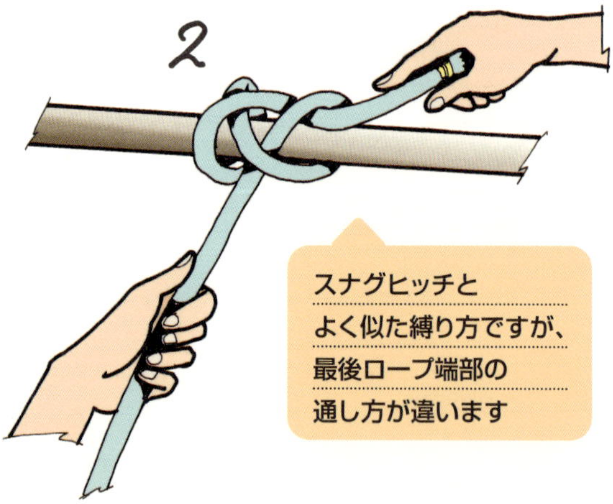
2
スナグヒッチと
よく似た縛り方ですが、
最後ロープ端部の
通し方が違います

COLUMN 22

シージングとホイッピング［4］

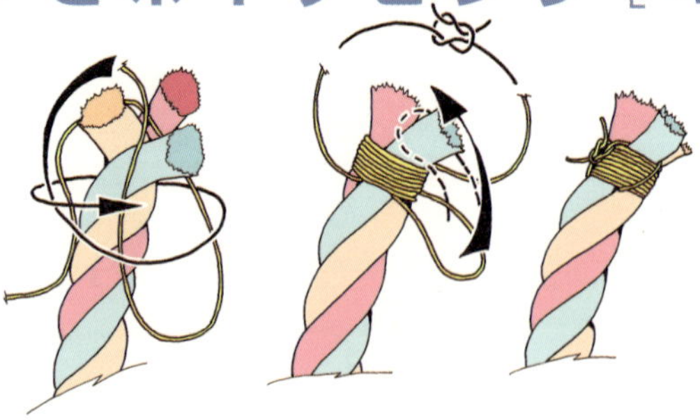

とくに三つ撚りのロープは、その端をきちんと処理していないとすぐにバラバラになってしまいます。そんなロープを平気で使っていたり、また簡単にひとえ結びでコブを作って止めていたりするのは、少しだらしがないものです。ロープを常に使いやすい状態でたいせつに扱うことも、立派なロープワークのひとつであることを忘れないでください。

スタンディングセールベンド

この縛り方もしっかりと縛りつけるという点ではたいへん優れたものです。ロープ端部を結び目に差し込んでから抜く作業が2回あるため、多少複雑な手順になってしまいますが、日常生活で活躍する場面は多いでしょう。しっかりとした信頼感がある結びのひとつです。手順の最初、今までのクラブヒッチ応用型と同じく対象物に2回ロープをかけますが、そのかけ方が違います。人によってはこちらの方がかけやすいかもしれません。

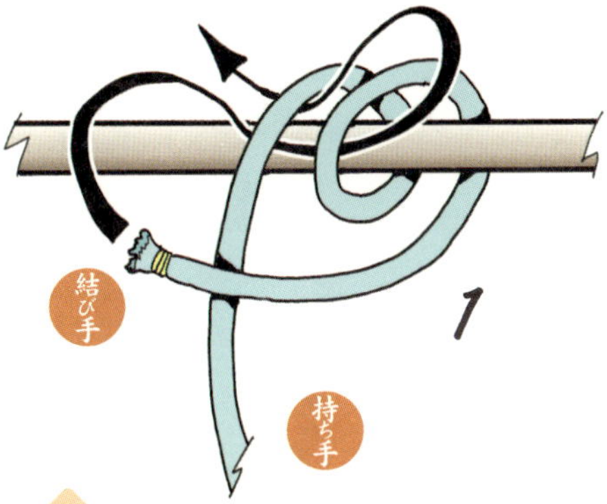

対象物を2巻きしてから、
結び手のロープ端部を
ロープと対象物の間に通していきます

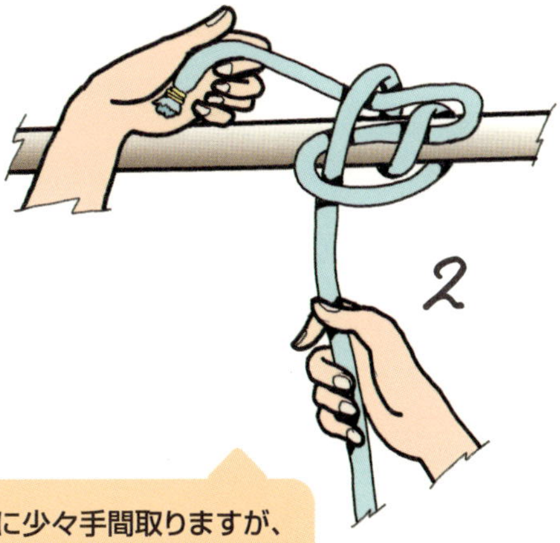

手順に少々手間取りますが、
しっかり縛りつけられる
信頼性の高い縛り方です

COLUMN 23

シージングとホイッピング［5］

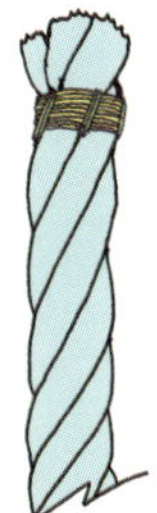

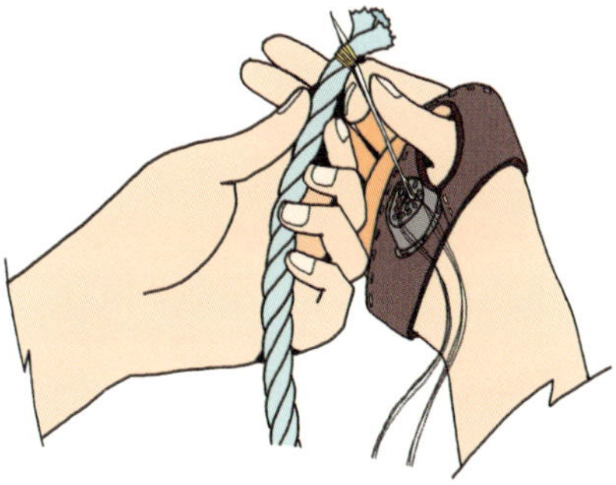

ニードル（針）とツワイン（糸）を使ったホイッピングは、スマートなロープワークに欠かせないテクニックです。これに使用するニードルには、特殊な三角針（正面から見た形状が三角）が必要になります。また、強い力でニードルを押し込むために、パーム（手のひらにはめて針の尻を押すツール）も必要になります。

6 chapter 縛りつける結び方
【太古から現代まで生活に息づく日常的なテクニック】

バントラインヒッチ

手順が簡単なわりにあまり知られていない結びのようです。ちょっと手順を間違うとツーハーフヒッチになってしまうことが、その理由のひとつだと思います。ただしこの結びにはツーハーフヒッチにはない優れた特長があります。それは固く締めつけても、わりと簡単に解くことができるという点です。ツーハーフヒッチの手順でロープ端部をロープ中腹に巻きつける手順を少し変えれば、この結びも簡単にマスターできるでしょう。

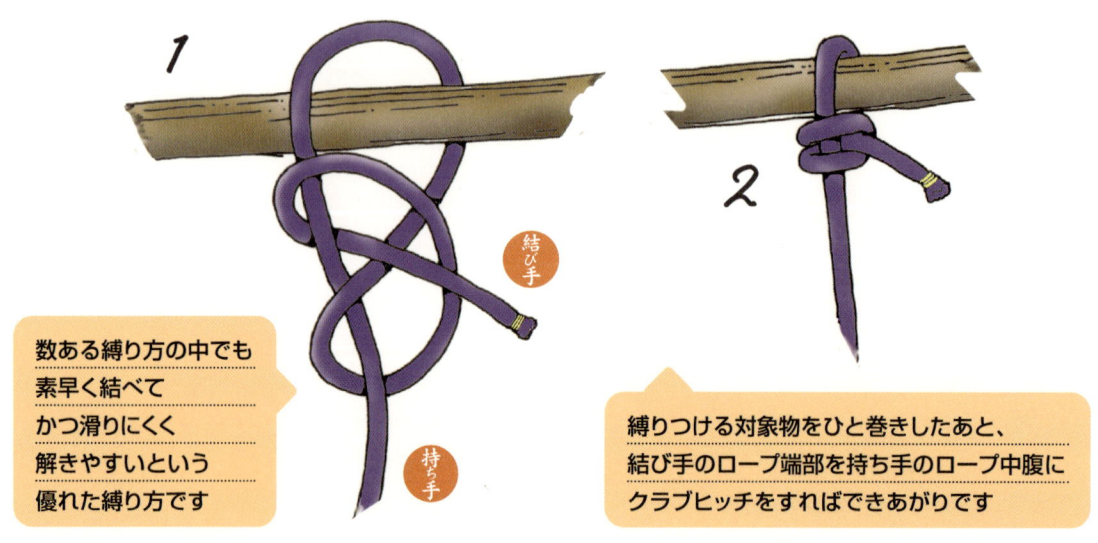

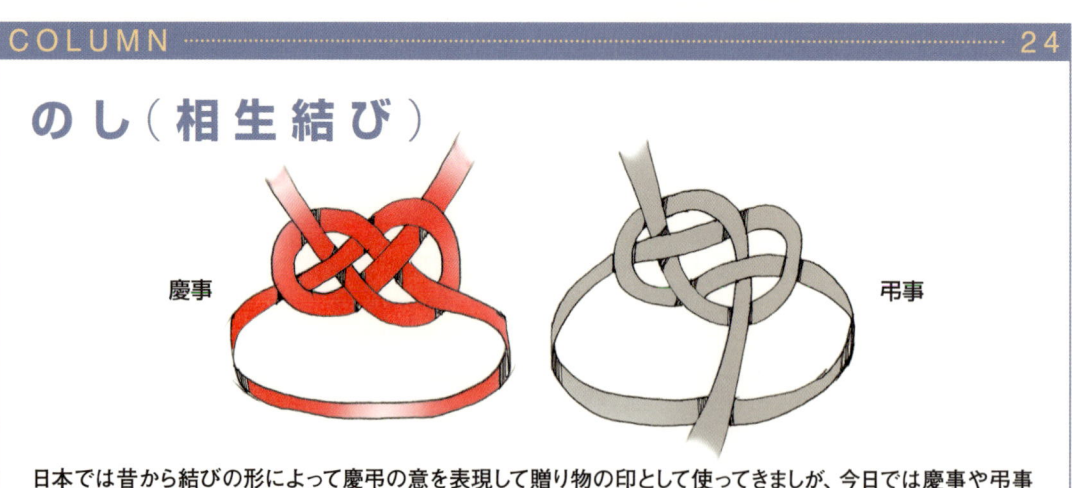

数ある縛り方の中でも
素早く結べて
かつ滑りにくく
解きやすいという
優れた縛り方です

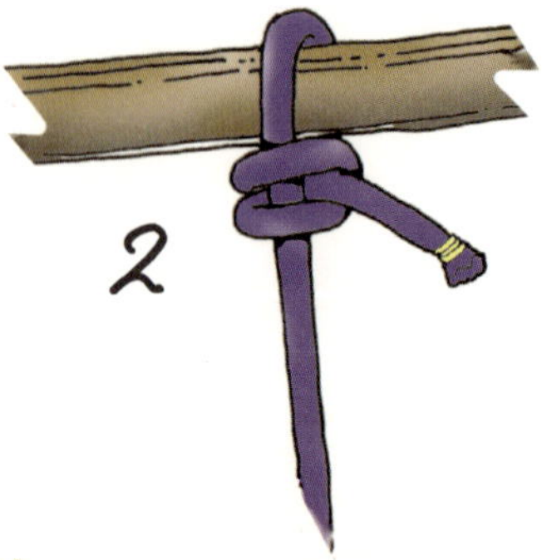

縛りつける対象物をひと巻きしたあと、
結び手のロープ端部を持ち手のロープ中腹に
クラブヒッチをすればできあがりです

COLUMN 24

のし（相生結び）

慶事

弔事

日本では昔から結びの形によって慶弔の意を表現して贈り物の印として使ってきましが、今日では慶事や弔事ののし袋も既製品が普及したため、自分でのしを結んで相手に贈る習慣は失われてしまいました。
しかし結び方を覚えて自家製ののし袋を作れば、心の通うすてきな贈り物になるはずです。

コンストリクターノット

「コンストリクター」とは、圧迫する、とか締めつけるという意味です。その名の通り、対象物を締めつける用途には最適な縛り方です。その性質を利用して、昔は火薬袋の口を細ひもで縛りつけるときに使われました。最初の手順を見ればクラブヒッチの応用型と呼べそうで、また最後の手順を見ればハーフヒッチの要素もあるようです。ハーフヒッチ状の結び目を、クラブヒッチが上から押さえつけるような感じの結びです。

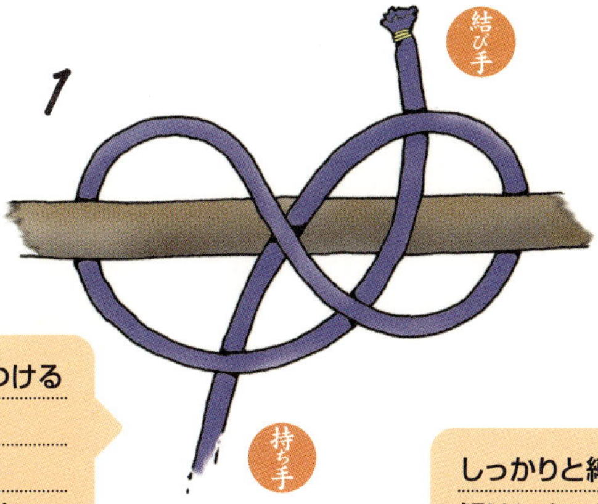

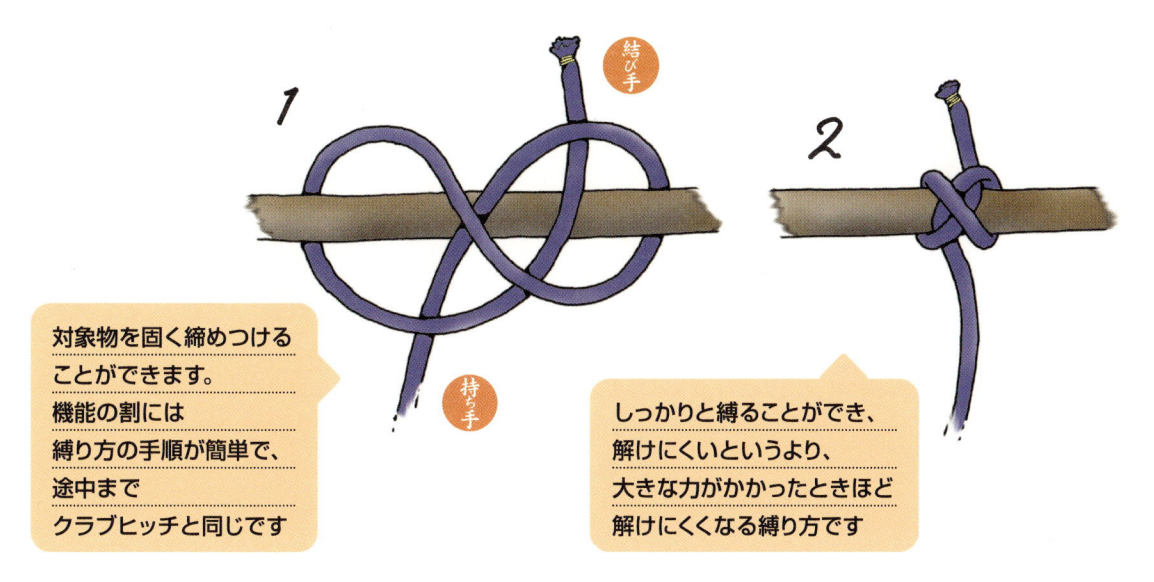

対象物を固く締めつける
ことができます。
機能の割には
縛り方の手順が簡単で、
途中まで
クラブヒッチと同じです

しっかりと縛ることができ、
解けにくいというより、
大きな力がかかったときほど
解けにくくなる縛り方です

COLUMN 25

靴ひもなどに使う蝶結び

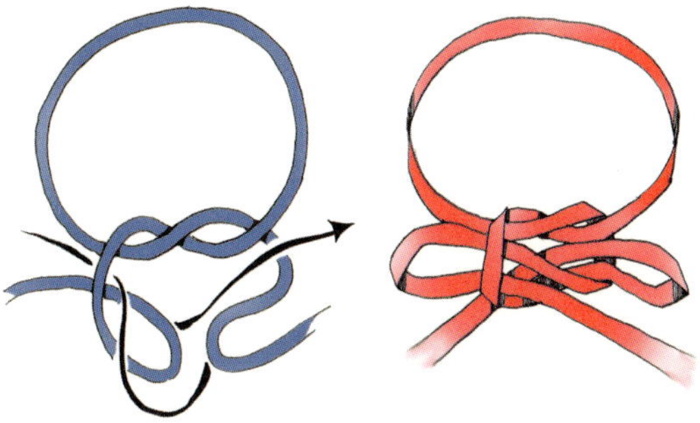

靴ひもは結ぶときにはしっかりと結べて、解くときは簡単に解けなければなりません。そのため多くの場合は、本結びの最後に折り返しをつけて蝶結びにし、ひもの端を引けばするりと解けるようにしています。この蝶結びは靴以外にも多くのものに使われているので、あえて用途を説明する必要もないでしょう。

イカリ結び（フィッシャーマンズアンカーベンド）

その名の通り、船の錨《いかり》を結ぶときに使われるものです。少し専門的な話になりますが、錨を利かせるにはその角度に合わせてロープを引かなければなりません。その角度を確保するために、通常は錨にチェーンをつけて、そのチェーンにロープを結びつけます。そのとき使われるのがこの結びです。太いロープを使うためになるべく結び目を簡単にして、かつ確実に繋ぎ止めることができるように工夫されています。

名前のとおり船の錨
を結ぶときに使われる
縛り方です

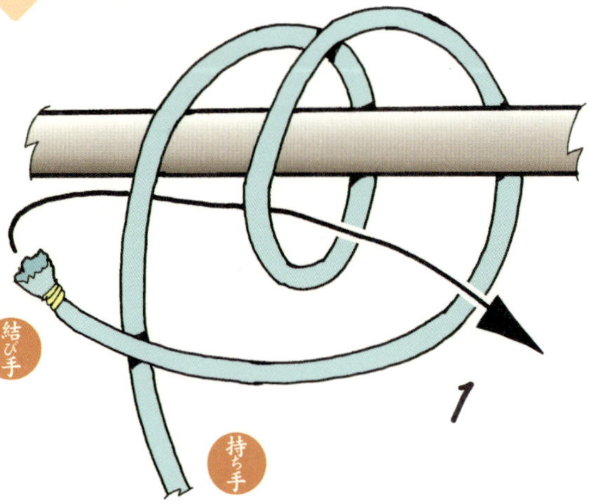

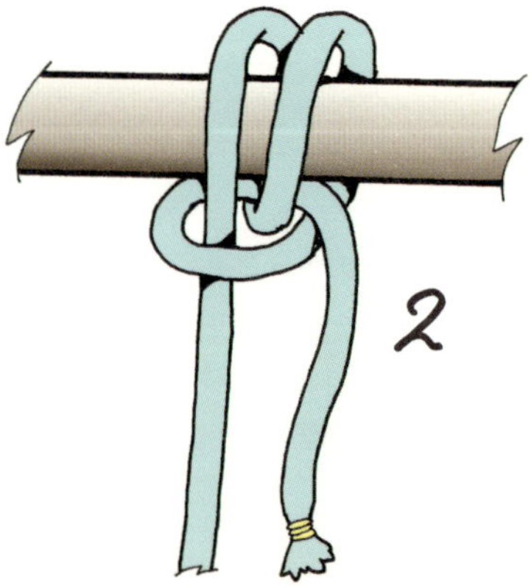

錨に使われるような
太めのロープを
縛りつけるときに有効です。
縛りつける対象物に2度回すため、
仮にひと巻きした部分が擦り切れても
残りのひと巻きが働くため、
一気に解けないのが特徴です

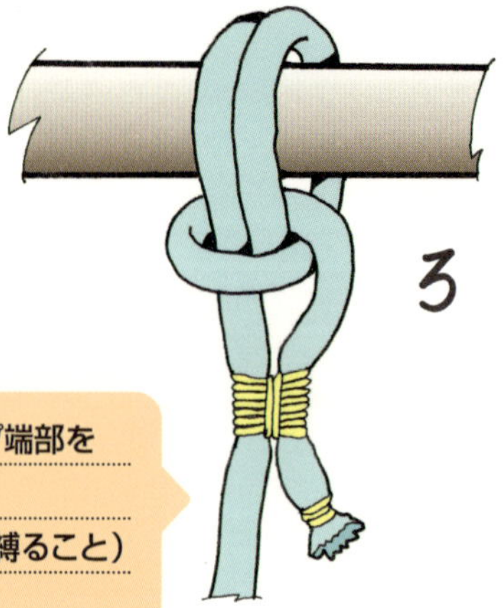

最後に結び手のロープ端部を
必ずシージング
（細い糸などで束ねて縛ること）
しておくことが、
この結びの特徴です

ティンバーヒッチ

「ティンバー（timber）」とは材木を意味しています。その名の通り、材木を引っ張り上げるために考案された縛り方です。長くて中心が測りにくい丸材や角材を引っ張り上げるとどうしても水平が保てず、縛り方によっては材木が滑り落ちてしまうことがよくあります。このティンバーヒッチの特長である独特なロープの巻きつかせ方は、ロープから材木が滑り落ちないようにするために工夫されたものです。

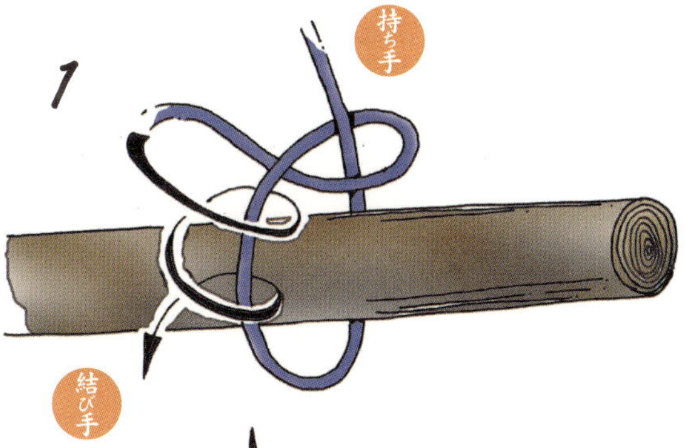

材木などの長物を
持ち上げるときに便利な結びです。
できあがりの形は
一見簡単そうに見えますが、
最初にロープをかける方向が
ポイントになります。
それを間違えると滑りやすく
解けやすい結び目になってしまいます

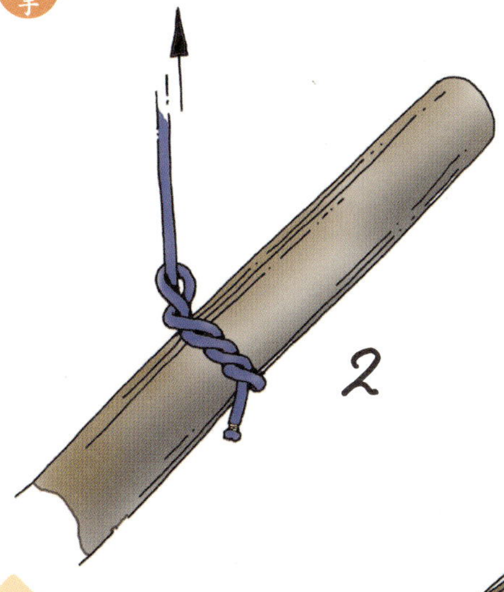

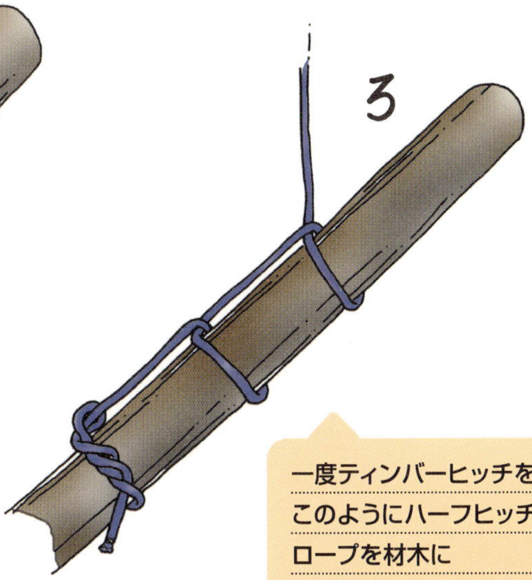

長物自体の重さが
巻きつけたロープの結び目を
より固く締めつける、
という特徴があります。
木材のように
滑りにくい素材であれば、
数本をまとめて縛ることもできます

一度ティンバーヒッチをしたあと、
このようにハーフヒッチで
ロープを材木に
かけ渡していく方法が一般的です。
信頼性はさらに高まります

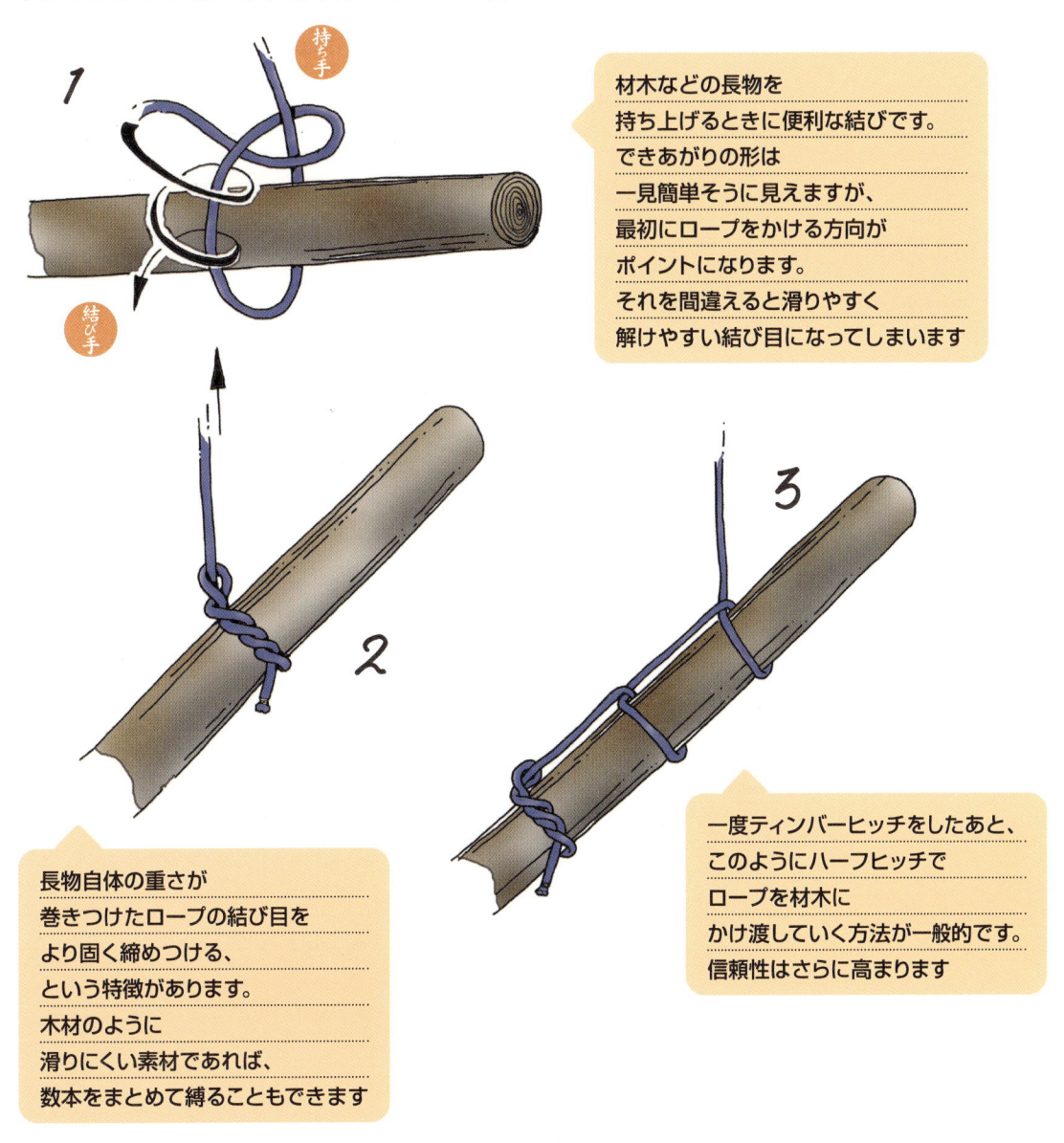

カウヒッチ

簡単に縛りつけられるという点では、この縛り方の右に出るものはないかもしれません。しかし簡単に滑って解けやすいという面もあります。ただ非常に手軽に使えることから、とくに結び方をマスターしていなくても、いつの間にか日常生活で使っていることも多いでしょう。気軽に使えるといっても、本格的なアウトドアスポーツでも、思いのほか用途が広い縛り方でもあります。カウヒッチ用に適度な長さのロープを備えておくと便利です。

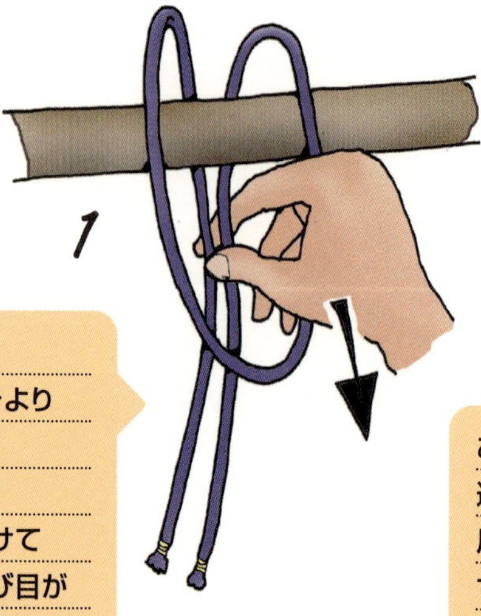

この結びは
ティンバーヒッチより
ずっと単純です。
2つ折りにした
ロープを巻きつけて
力をかけると結び目が
自然に締まっていきます

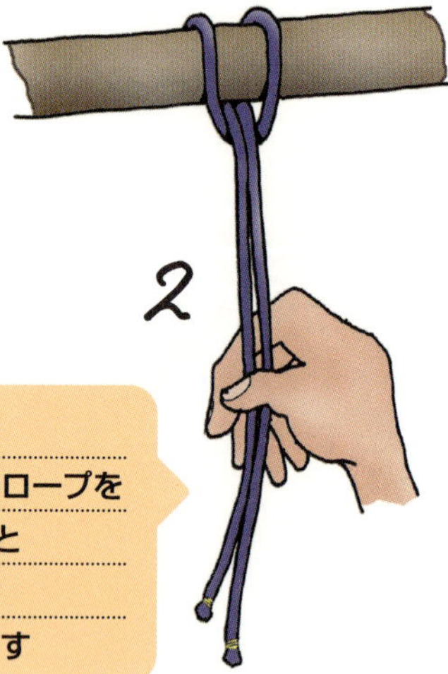

あらかじめ
適切な長さのロープを
用意しておくと
ちょっとした
運搬に便利です

COLUMN 26

指先のトレーニング

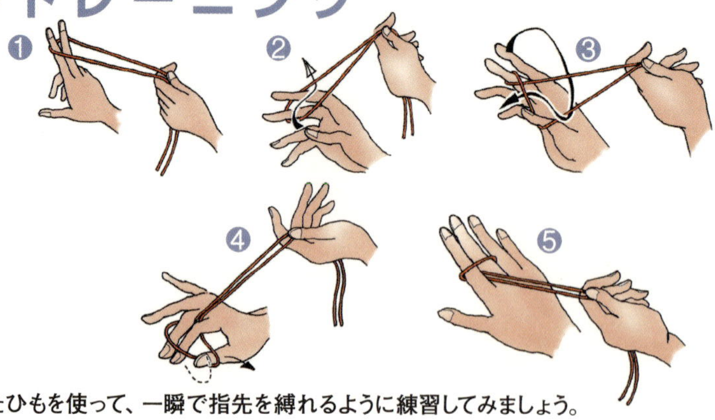

指先に引っかけたひもを使って、一瞬で指先を縛れるように練習してみましょう。
スムースにロープやひもを運ぶためのトレーニングになります

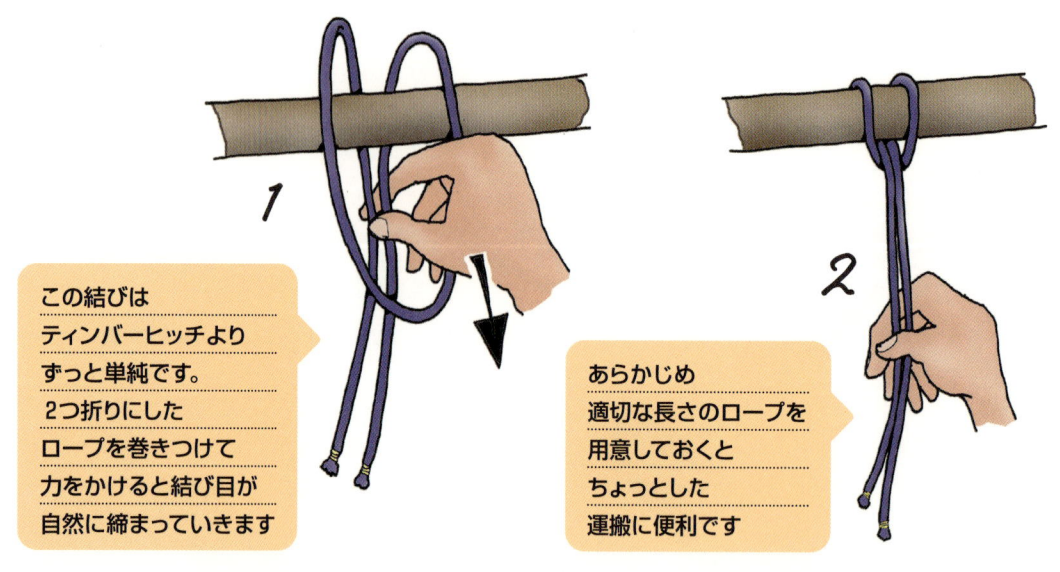

ローリングヒッチ

あまり知られていませんが、結び方の手順が簡単で活用範囲の広い結びです。この結びの基本的な使い方は、別のロープや棒の途中に結びつけて一方に引くというものです。ロープを対象物に沿うように巻きつけるので、持ち手のロープを引っ張っただけではビクともしません。しかし結び目を持てば、その位置を簡単に変えることができます。非常に使い勝手がよいので、アウトドアスポーツに限らずぜひマスターしたい結びのひとつです。

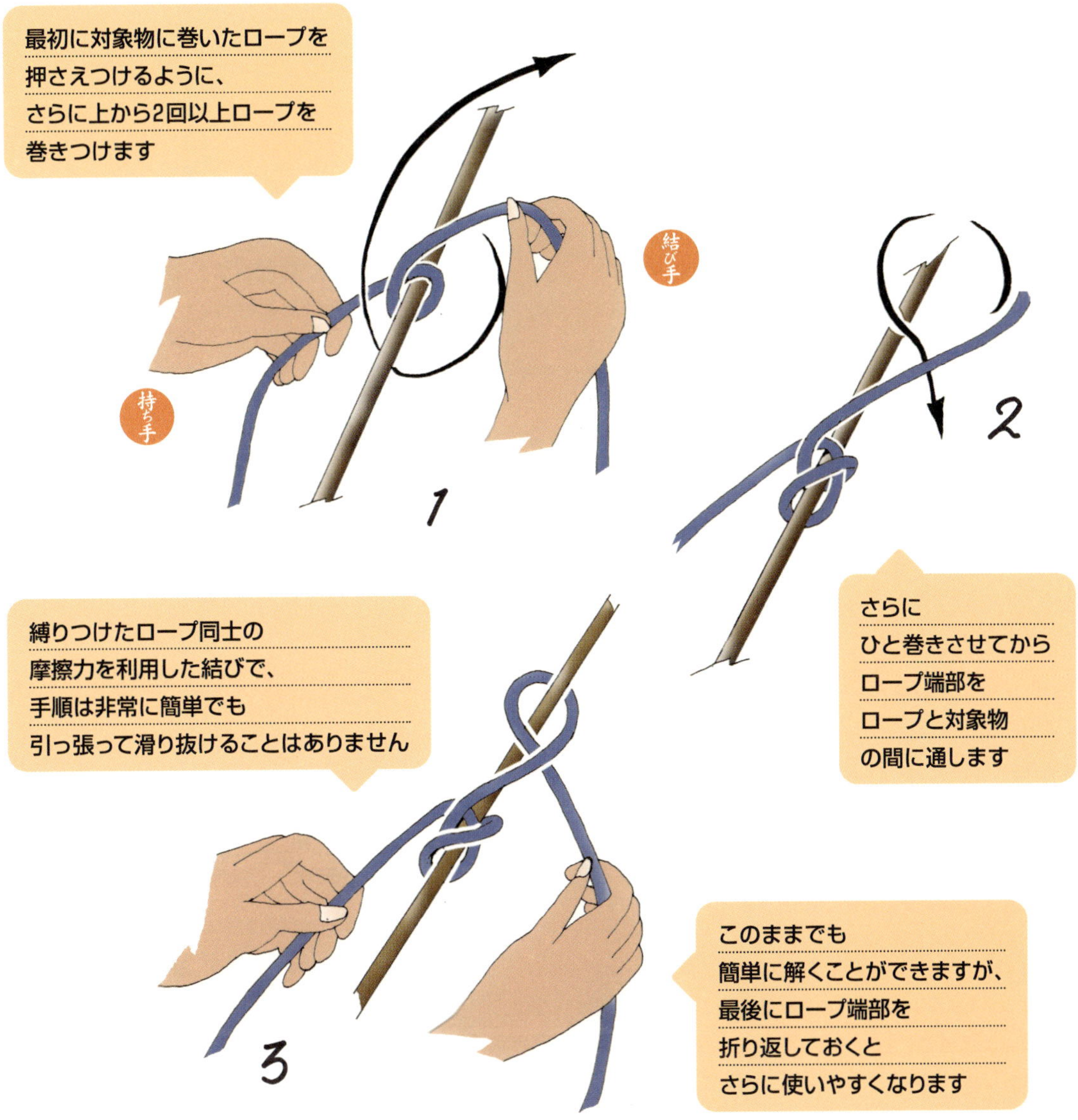

最初に対象物に巻いたロープを
押さえつけるように、
さらに上から2回以上ロープを
巻きつけます
結び手
持ち手
1
2
さらに
ひと巻きさせてから
ロープ端部を
ロープと対象物
の間に通します
縛りつけたロープ同士の
摩擦力を利用した結びで、
手順は非常に簡単でも
引っ張って滑り抜けることはありません
3
このままでも
簡単に解くことができますが、
最後にロープ端部を
折り返しておくと
さらに使いやすくなります

chapter 7

家庭で使える便利な結び方

【日常生活を楽しく便利にする知って得するテクニック】

スリップドリーフノット

この結びは私たちが、普段、意識せずに使っているものです。敢えて言葉にすれば、本結び（リーフノット）の結び目に「ロープの端を折り返しておく」というテクニックを取り入れた結びといえます。とくに説明は要らないと思いますが、ロープ端部を引けばスルリと解けるというわけです。このロープ端部を2つ折り返しておくというテクニックは「スリップ」と呼ばれ、ほかの結びにも適用できるものですからぜひ試してみましょう。

本結び（リーフノット）を
解きやすくした結びです。
束ねた新聞紙や雑誌などを、
無意識でごく自然に
結んでいるのがこの結びです。
そのほか風呂敷などにも
この結びが使われています

サージョンスノット

サージョン（surgeon）とは外科医を意味しています。その名の通り外科手術で使われる結びです。本結びを2度回すだけの簡単な結びですが、その効果は絶大です。紙や本などを束ねてビニールひもで結ぶとき、本結びをしただけでは滑ってしまい、しっかり束ねることは難しいものです。ところがこのサージョンスノットでは最初の手順だけである程度ひもを固定することができますから、仕上げをゆっくり行うことができます。

この状態から
両方のひも端部を引っ張るだけで
ある程度ひもを固定することができるので、
仕上げの結びはゆっくりと行うことができます

1

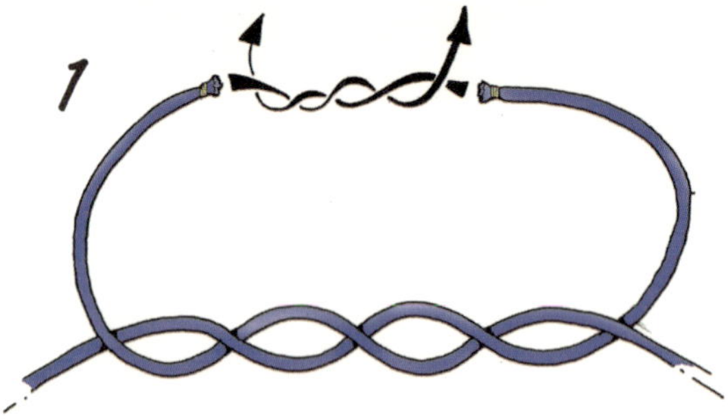

2

細いひもを使って
何かを束ねるときに
便利な結びです。
結び方は本結びを
2度回すだけです

荷造りのための結び

ロープを十字形にかけていくこの結びも、私たちの日常生活でよく目にするものです。言葉にすれば荷物の上下でハーフヒッチを結んでいくということになります。ハーフヒッチの項目では、これだけでは解けやすくてあまり実用的ではないと説明しましたが、この解けやすいという性質を利用しています。つまり最後の仕上げの結び方次第で、きつくも緩くも調節することができ、解けば使ったロープやひもが無駄になりません。

梱包に用いるときに
よく使われる結びです。
馴れると
手早く確実に
梱包することができます

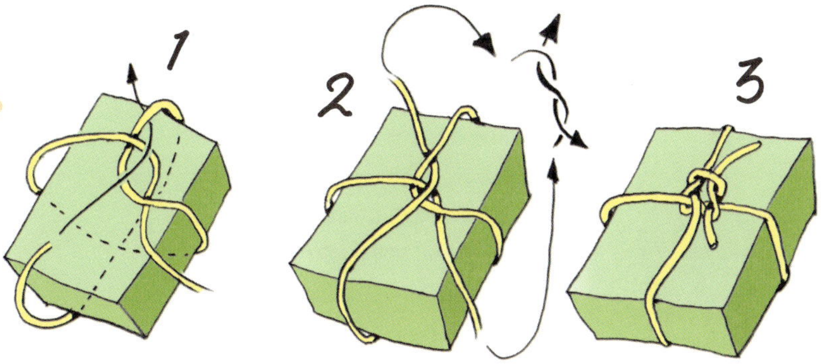

あらかじめ
2つ折りにしたロープを
ひとえ結びにして、
梱包用のロープを
用意しておけば
さらに便利です

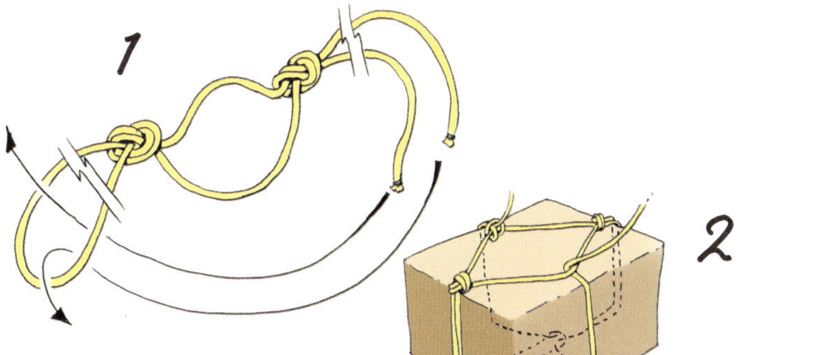

袋やバッグの口を
簡単に結ぶ方法です。
一時的に口を閉じて
おきたいときに
便利です

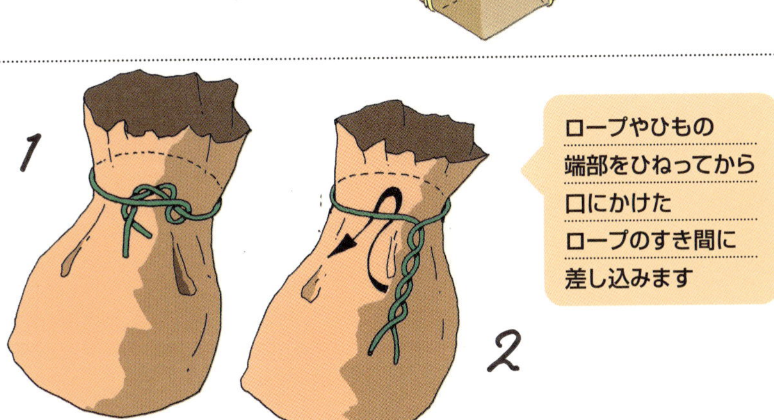

ロープやひもの
端部をひねってから
口にかけた
ロープのすき間に
差し込みます

長い荷物に便利な結び方

ロープやひもで荷物を梱包するとき、ほとんどは複数の結び目を作ることになります。それらの結び目一つひとつが結びにくく、また解きにくくては、梱包するときはもちろんのこと、解くときにも手間がかかって仕方ありません。それに解いたあとでロープの所々に結び目が残ってしまうのでは、なおさら面倒なことになります。この点にさえ気をつけて、ここで紹介したもの以外の梱包の仕方を開発してみるのもおもしろいでしょう。

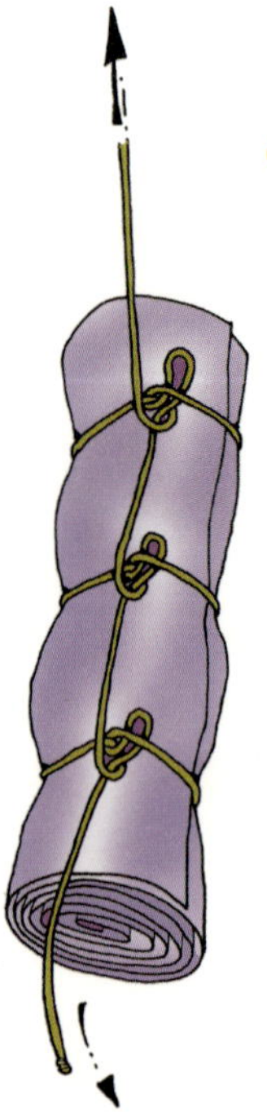

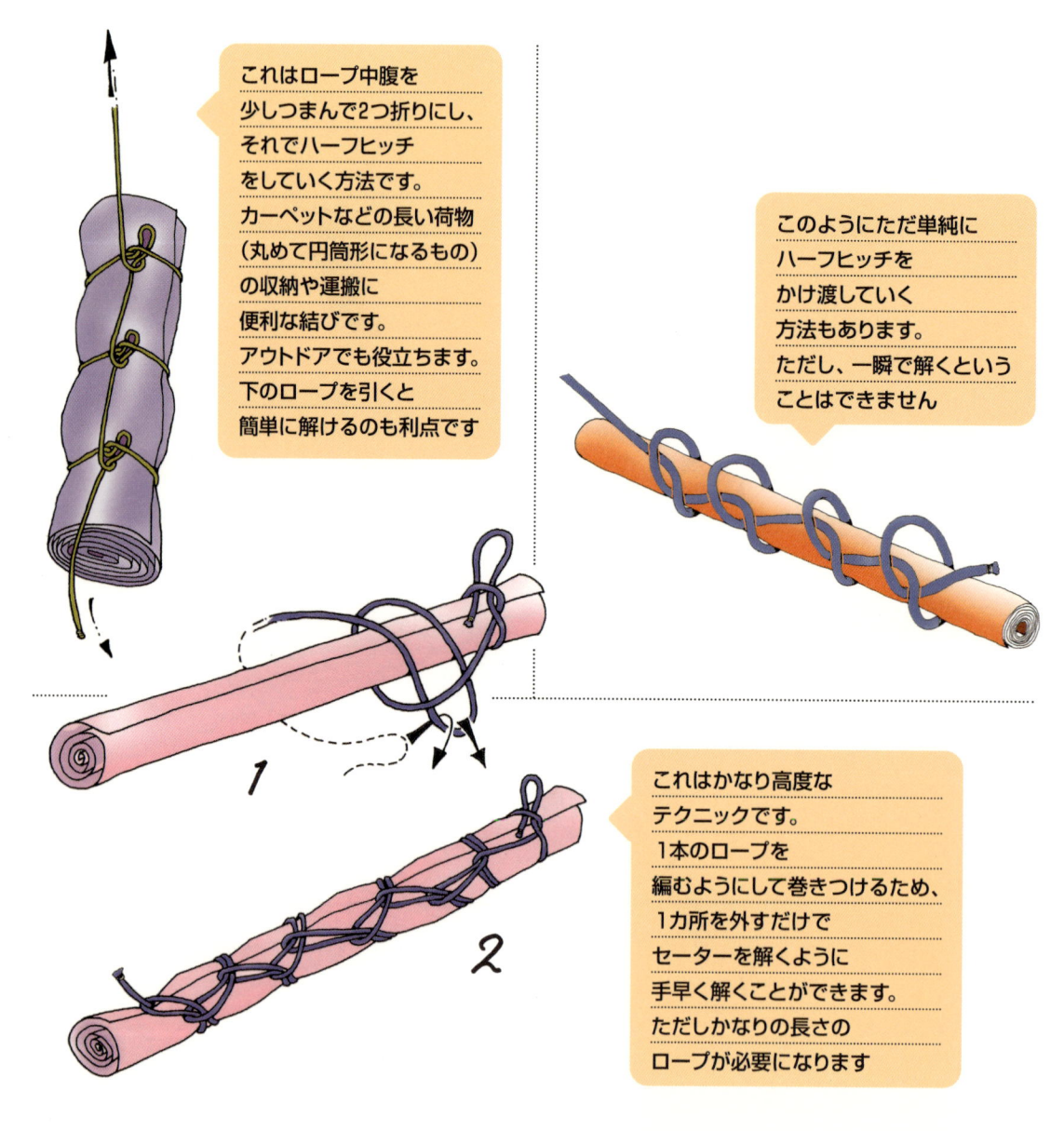

これはロープ中腹を
少しつまんで2つ折りにし、
それでハーフヒッチ
をしていく方法です。
カーペットなどの長い荷物
（丸めて円筒形になるもの）
の収納や運搬に
便利な結びです。
アウトドアでも役立ちます。
下のロープを引くと
簡単に解けるのも利点です

このようにただ単純に
ハーフヒッチを
かけ渡していく
方法もあります。
ただし、一瞬で解くという
ことはできません

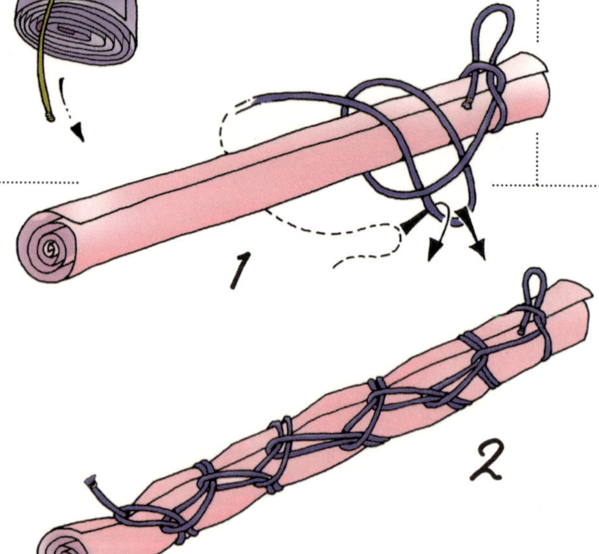

これはかなり高度な
テクニックです。
1本のロープを
編むようにして巻きつけるため、
1カ所を外すだけで
セーターを解くように
手早く解くことができます。
ただしかなりの長さの
ロープが必要になります

ワゴナーズヒッチ

力のかかるものを引いたり、重い物を引き上げたりするときに滑車を使うと便利ですが、この結びにはその滑車の機能があります。ループの一端をフックにかけて持ち手のロープを引けば、半分の力で締め込むことができます。半分の力というのは大げさかもしれませんが、運送業で長年に渡り多用されていることを考えれば、まんざらマユツバものともいい切れないでしょう。俗に「なんきん結び」とも呼ばれています。

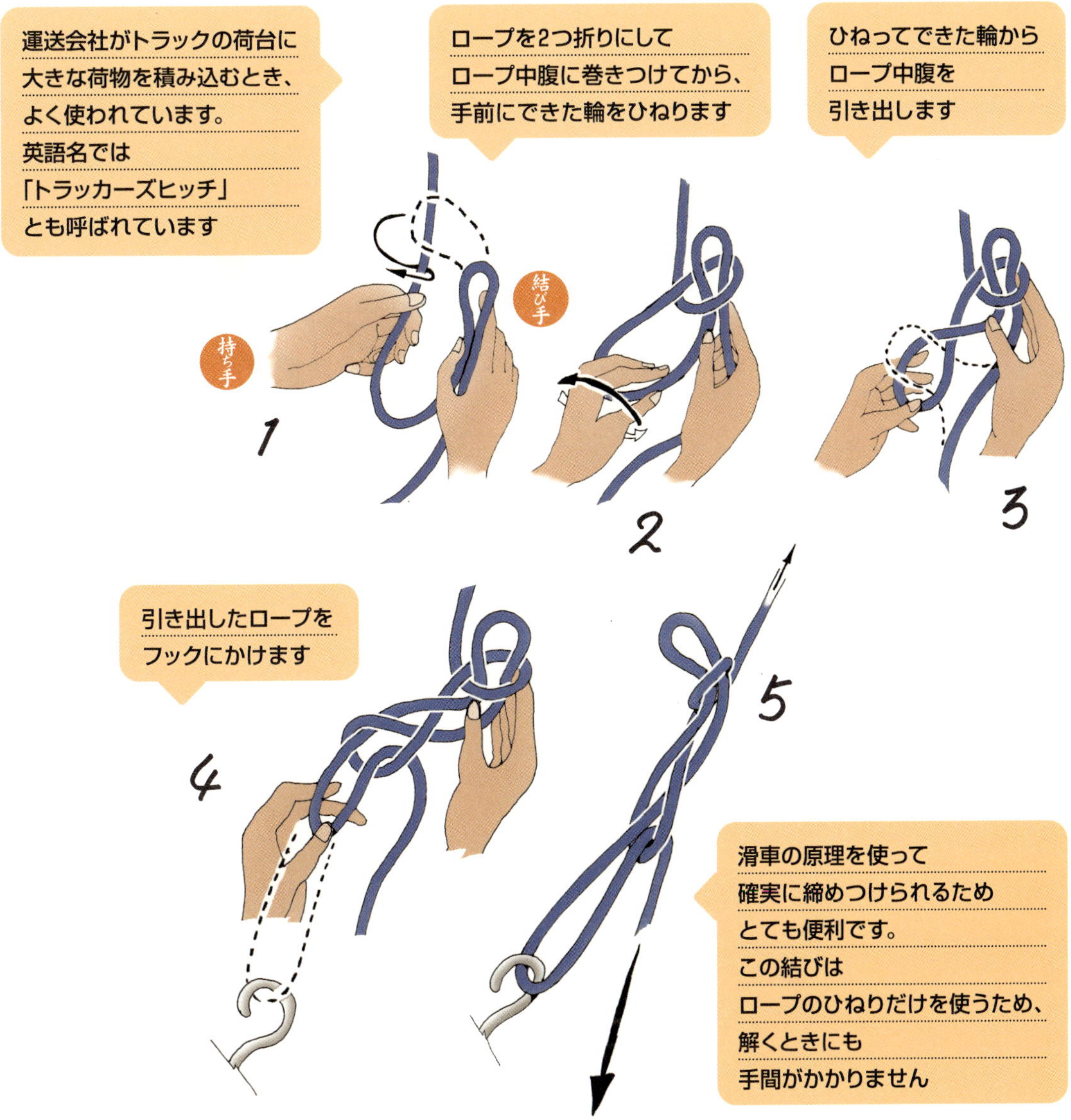

運送会社がトラックの荷台に大きな荷物を積み込むとき、よく使われています。
英語名では「トラッカーズヒッチ」とも呼ばれています
ロープを2つ折りにしてロープ中腹に巻きつけてから、手前にできた輪をひねります
ひねってできた輪からロープ中腹を引き出します
持ち手
結び手
1
2
3
引き出したロープをフックにかけます
4
5
滑車の原理を使って確実に締めつけられるためとても便利です。
この結びはロープのひねりだけを使うため、解くときにも手間がかかりません

chapter 7

家庭で使える便利な結び方

【日常生活を楽しく便利にする知って得するテクニック】

ガーデニングに使える結び方

最近は趣味のガーデニングが盛んになり、ホームセンターなどでは関連用品が多数売られています。とても便利ですが多くの人が同じものを買って庭を飾るため、知らず識らずにどの家も似たような庭造りになってしまいます。そこで垣根や庭飾りに結びのテクニックを数種類上手に取り入れてみましょう。ここで紹介しているもののうち、いくつかはすでに説明したテクニックです。ひと味違った個性的なガーデニングを楽しみましょう。

この垣根結びは、
竹垣作りには不可欠となる
基本的な結びです。
最初に
ハーフヒッチをします

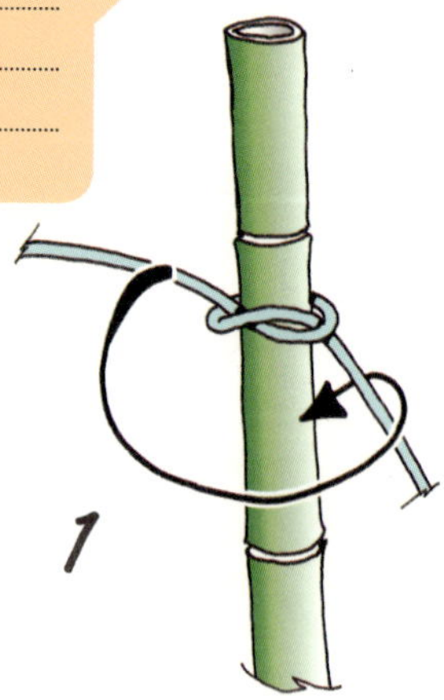

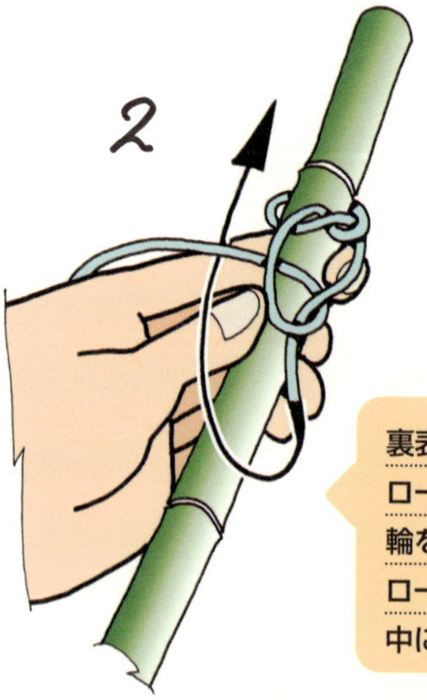

裏表に注意して
ロープ中腹に
輪を作り、
ロープ端部を
中に入れます

ロープ端部を
ロープ中腹にひと巻き
させたら
また輪の中に入れます

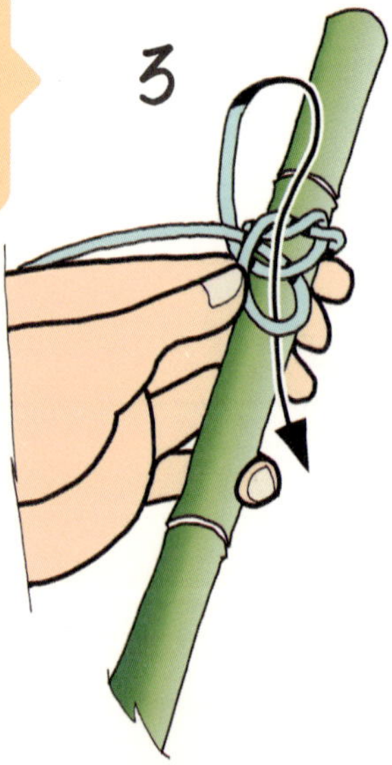

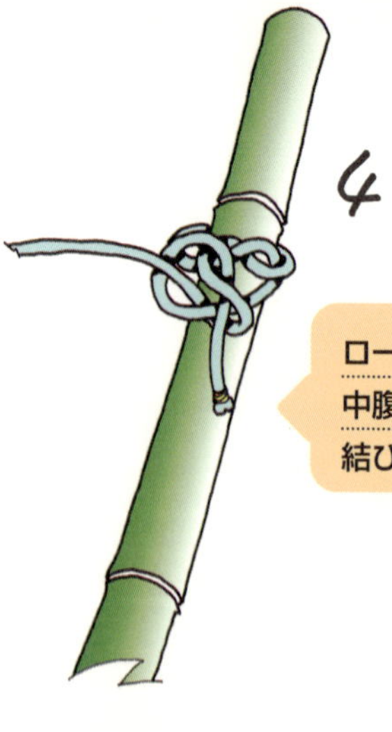

ロープ端部と
中腹を引っ張って
結び目を締めます

この結びは
「ムアリングヒッチ」
と呼ばれています。
ロープ中腹に輪を作り
その輪を支柱に
ひと巻きさせてから
支柱の頭から通すと
簡単にできます

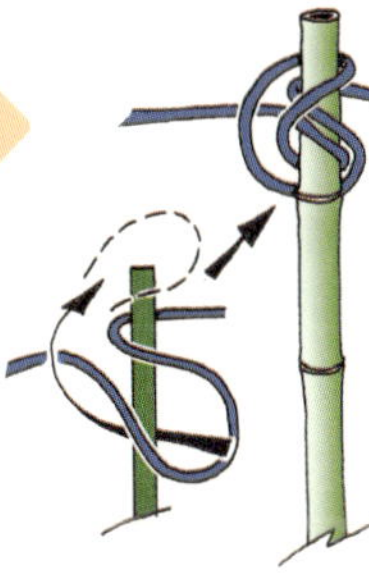

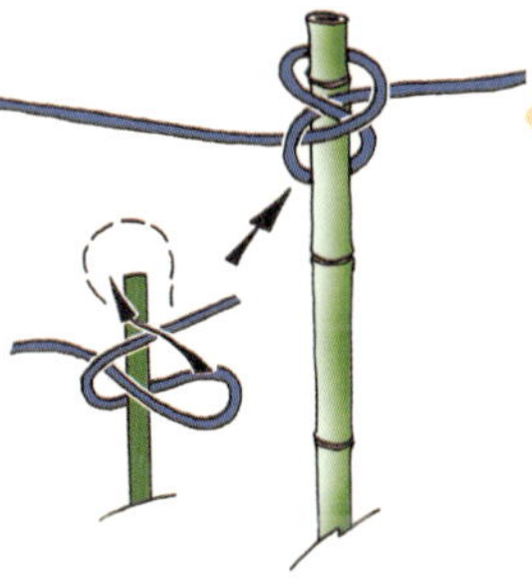

この結びは
「スパーヒッチ」
と呼ばれています。
支柱にひと巻きしている
輪を、一度ねじってから
支柱の頭から通すと
簡単にできます。
輪の裏表に注意しましょう

この結びは
「コンストリクターノット」
と呼ばれています。
この結び方も
支柱にひと巻き
している輪を、
一度ねじって
支柱の頭から
通すと簡単に
できます

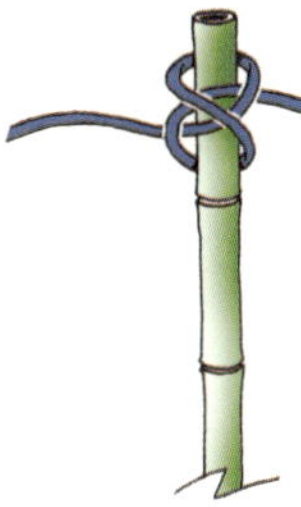

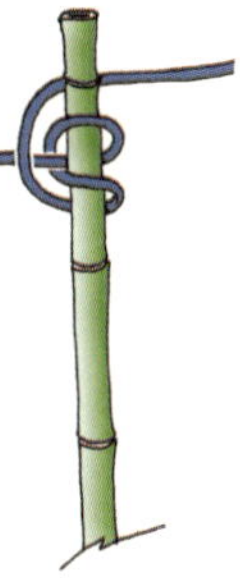

この結びは
「ジグザグノット」
と呼ばれています。
支柱をひと巻きさせてから
ロープ中腹にかけて
折り返します。
さらに支柱を
ひと巻きさせてから
またロープ中腹にかけて
折り返します

「マリーンスパイクヒッチ」
と呼びます。
輪を作ったロープ端部を
ロープ中腹にかけて
折り返し
支柱を巻いてから
輪の中に通します

「クラブヒッチ」
と呼びます。
ロープを支柱に
8の字の形で
巻きつけます

「カウヒッチ」
と呼びます。
一度支柱に巻きつけ、
さらにもうひとつ
輪を作って
支柱にかけます

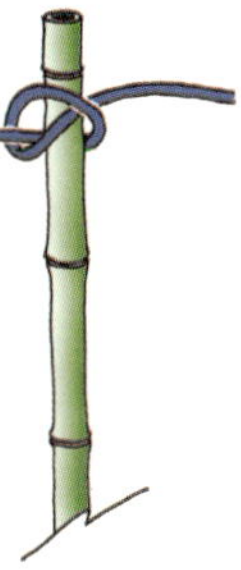

「ハーフヒッチ」
と呼びます。
支柱を
ひと巻きしてから
ロープ中腹にかけて
折り返します

chapter 8

アウトドアで活躍する結び方
【アウトドアレジャーをさらに楽しくする専門的なテクニック】

ブランチノット（ロングスリップノット）

アウトドアスポーツの中で、最もロープワークを使うものは何といってもセーリングヨットだと思われますが、そのほかのスポーツ、登山やキャンプなどでも知っておくととても重宝するロープワークがあります。ここで紹介するロープワークは、木の枝など手の届かない高いところへ簡単に結ぶことができて、そればかりか地上から簡単に解くこともできます。高所ばかりではなく足場の悪い所でもその威力を発揮することでしょう。

1
2つ折りにした
ロープを投げて
枝にかけます
2
さらに1本のロープ中腹に輪を作り、
枝から垂れ下がっている
ロープの折り目を中に通します
3
輪から出した
ロープの折り目から、
輪を作っているロープの
中腹を引き出しその中に
輪を作っていないロープの
中腹を通します
4
結び目から出ている
片方（イラスト人物の右手）
のロープを引っ張れば固く締まり、
残り（イラスト人物の左手）
を引っ張れば簡単に解けます

テント張りに便利な結び方

セーリングヨットでは、時にマスト破損という重大なトラブルに見舞われることがあります。応急のマストを立てるときに使われるのがこのテクニックですが、これをテント張りに応用してみましょう。2つのひとえ結びを組み合わせた比較的シンプルなロープワークですが、特別な器具がなくても支柱をロープで4方向から均等に引っ張るのに便利なものです。実用に耐えうるのはもちろんのこと、結び目はシンプルで飾り結びとしても使えます。

1本のロープの結び目を
ほか3本のロープの基点にします。
1本のロープ中腹を
ひとえ結びにしてから
そのロープ端部を
ひとえ結びの輪の中に通してから、
さらにひとえ結びをします

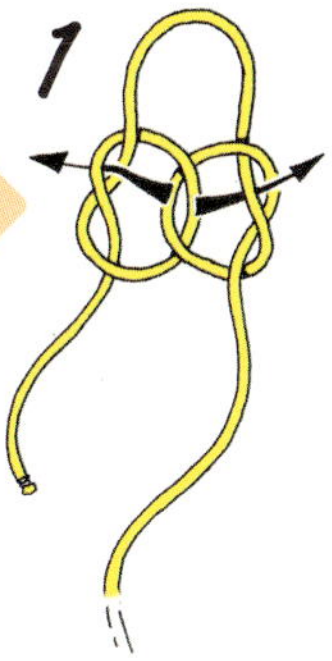

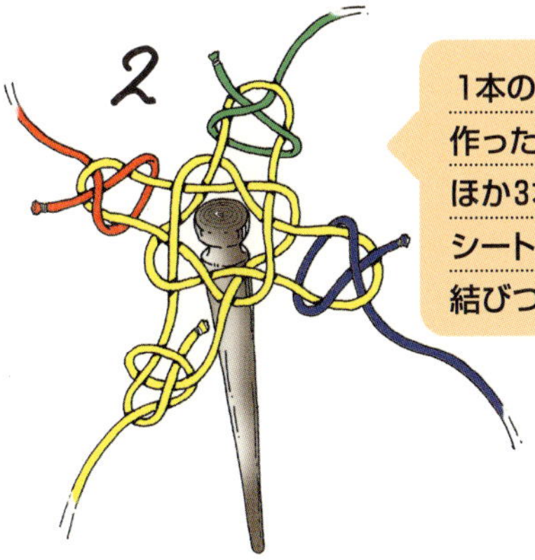

1本のロープで
作った結び目に
ほか3本のロープを
シートベンドで
結びつけます

2つのひとえ結びが交差して
向かい合う形になります。
さらに、2つの輪を2つの結び目から
互いに引き出します

支柱に4方向から
均一な力がかかるように
4本のロープを引っ張ります

COLUMN 27

片手でひとえ結びを結ぶ

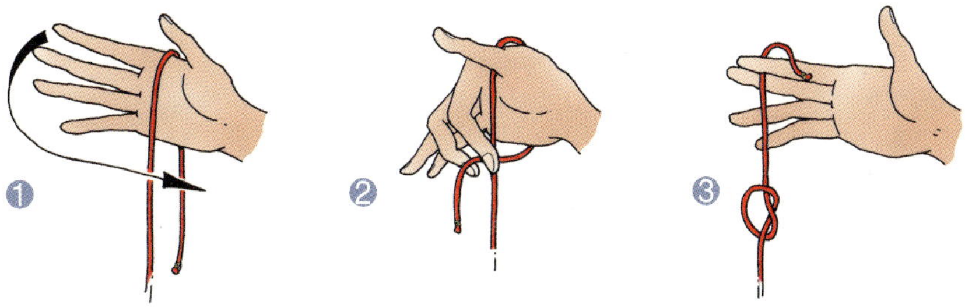

これもれっきとしたロープワークのひとつです。友達と誰が一番早く華麗に結べるか競ってみてはどうでしょう。片手だけで結べる練習をしておくと、手先の動きが慣れてロープワークのスキルは一段と上達します。また、どうしても片手で結ばなくてはならない場面に出くわすこともあるでしょう。暇つぶしに、遊び半分で練習するにはもってこいといえます。

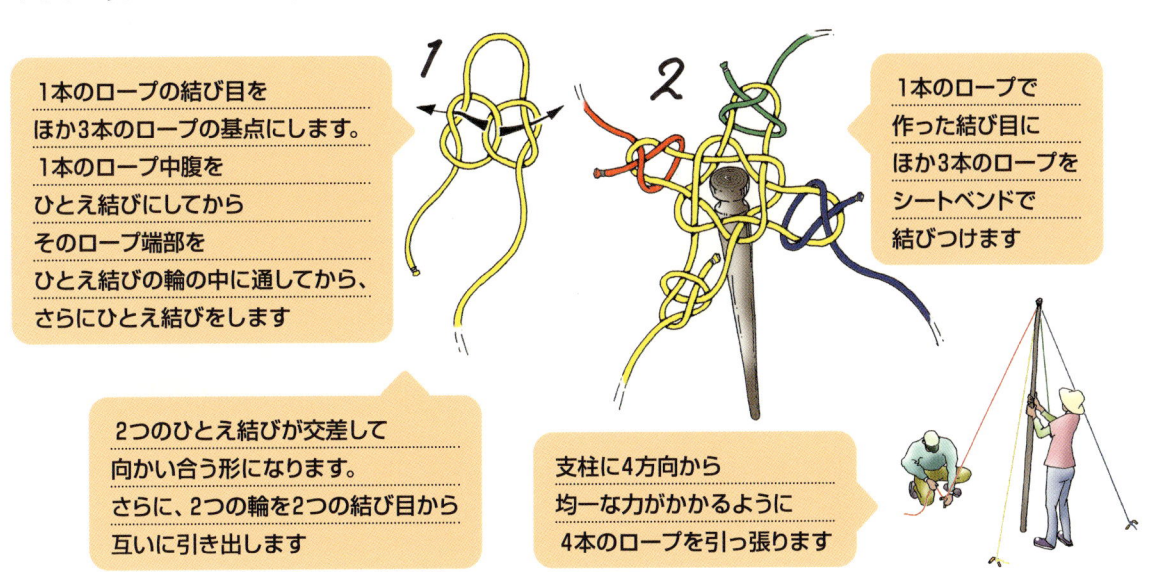

ファイアーエスケイプノット

名前は火災などの非常時、高所から逃げ出すときに使われることに由来しています。アウトドアでは最も原始的なはしごとして、急勾配などで試してみるとよいでしょう。一見魔法のように、等間隔に並ぶコブを瞬時に作ってしまうテクニックですが、慣れてしまえばそれほど難しくはありません。ひとえ結びを基本として工夫すれば8の字結びのコブを等間隔で作ることもできます。ロープを絡ませないように引き抜くのがコツです。

ロープをいくつもの輪が
交差するように巻いていき、
ロープ端部を輪の中に通します。
すると一度に等間隔で
ひとえ結びのコブを
作ることができます

ロープ端部を
輪から引き出すとき、
全体が絡まないように
するのがコツです

これもロープの中腹に
いくつものコブを作る方法です。
ファイアーエスケイプノットのように
いくつもの輪を交差させるように
巻いていきますが、
一つひとつの輪を一度ひねってから
ロープ端部を輪の中に通します

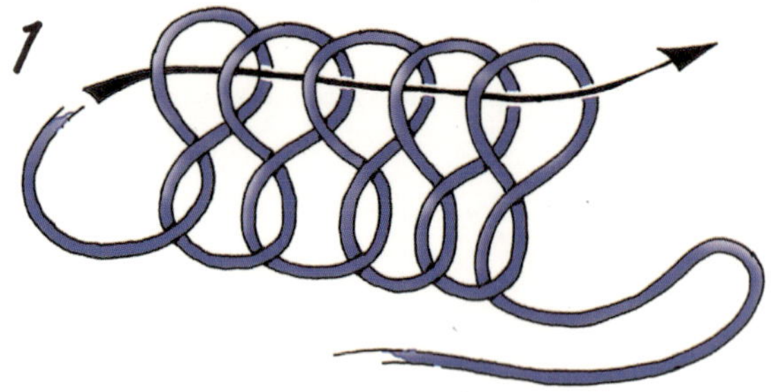

最後にロープを輪に通すと
一度に8の字結びのコブを多く
等間隔で作ることができます。
ファイアーエスケイプノットと
同じ用途で使えます

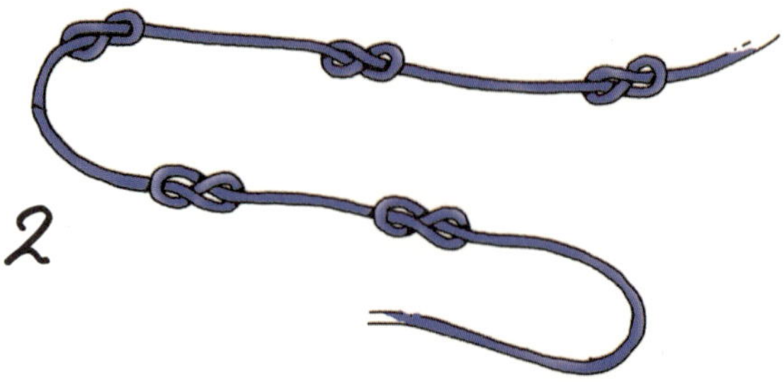

馬繋ぎ(スリップドバントラインヒッチ)

その名の通り、馬を横木や柱に繋ぐときに使われる結びです。大切な馬を繋ぎ止めておくわけですから、万が一にも勝手に解けてしまってはたいへんです。さらに移動したいときにはスムースに解けなくては困ります。そのため非常に工夫された結びになっています。ちなみに酒場を表す「バー(bar)」は、この馬を繋いでおく横木に由来しているそうです。主な交通手段が馬だった頃は、もはや常識と呼べる結びだったようです。

まずバーの向こうから
手前にロープをかけます。
手前のロープで
輪を作ってから
それを2つ折りにします。
2つ折りにしたロープを
バー向かいのロープ中腹に
かけてから、
手前の輪の中に通します

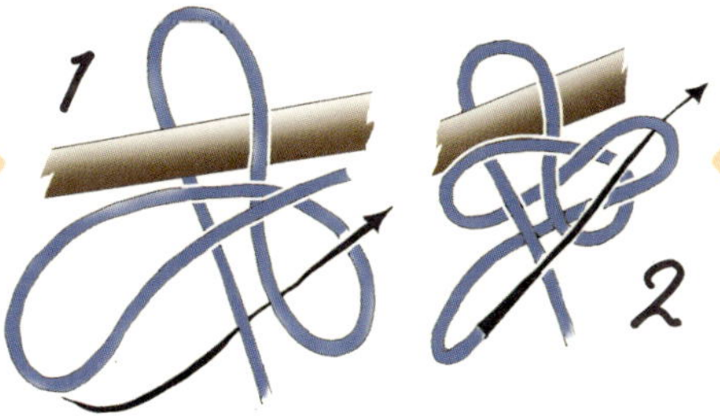

さらにロープ端部を
ロープの折り目の
中に通せば、
これが安全装置となり
万が一にも勝手に
解けることはありません

とても頑丈な結びですが、
最後の手順、
ロープ端部を輪から戻して、
そのまま手前に引けば
簡単に解くことができます

バケツを運ぶ結び

短めのロープと単純な結びの組み合わせでも、工夫次第で用途が広がります。ここではロープをバケツの取っ手として使うテクニックを紹介していますが、このほかにマキを束ねて運んだりしてもよいでしょう。たったそれだけ、と思われるかもしれませんが、作業の手間が大幅に違ってきます。普段ハイテクに慣れ親しんだ私たちだからこそ、かえって原始的な道具が新鮮に映ります。キャンプの醍醐味はここにあるのかもしれません。

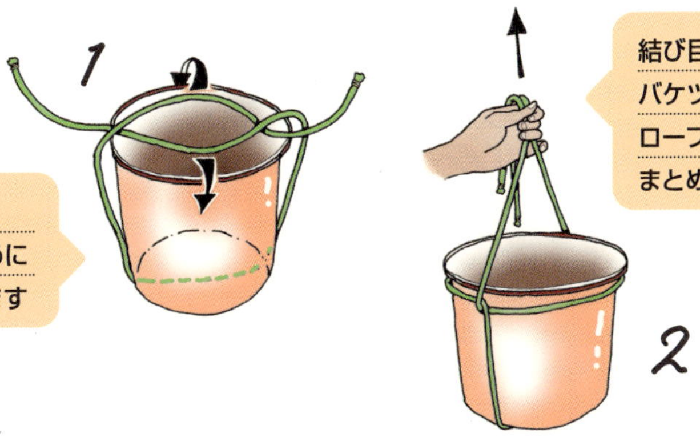

ロープの真ん中付近が
バケツの底を抱えるように
大きくひとえ結びをします

結び目を広げて
バケツの縁にかけてから
ロープ両端を
まとめて持ち上げます

chapter 9

ロープの扱い方
【いつでもすぐに使えるようにロープをメンテナンスするテクニック】

ロープの端止め

牛のしっぽのようになった見栄えの悪いロープをよく見かけますが、これを放っておくとさらに解けて使える部分が短くなってしまいます。端止めとして最も簡単なのはひとえ結びをしておくことですが、あまりスマートだとはいえません。そこで解けたロープをそれ自身で編み込んでいく方法があります。ただし最近では化学繊維の芯と被膜材の二重構造のロープがあり、これには細い糸で縛ってしまうシージングという方法が適しています。

解けたロープの先端を編み込みます。
このように解けた先端が
根本を向くような編み込み方を
「クラウンノット」と呼びます

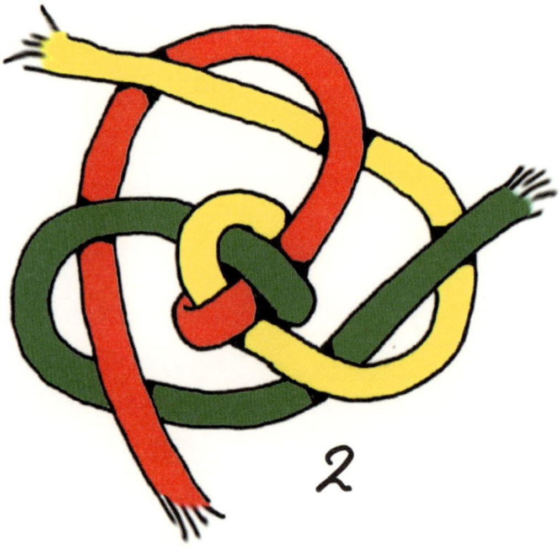

クラウンノットをしたあと
さらに「ウォールノット」をします。
一見クラウンノットと同じに見えますが
編み込む方法が
上から掛けるクラウンノットと
下から掛けるウォールノットの
違いがあります

このように
クラウンノットと
ウォールノットを
組み合わせるのが
一般的です

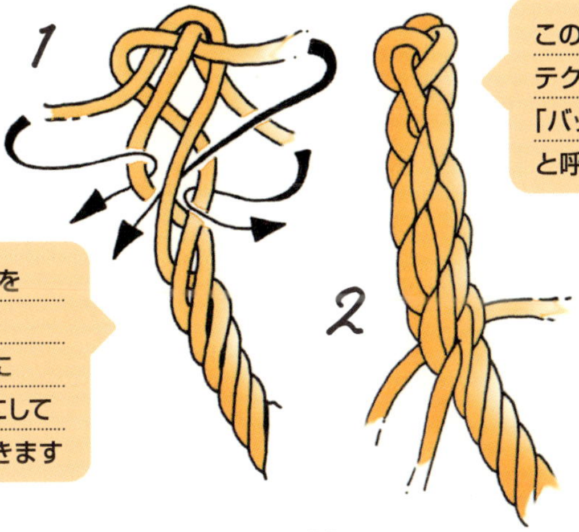

クラウンノットを
してから、
解けたロープに
引き返すようにして
編み込んでいきます

この端止めの
テクニックを
「バックプライス」
と呼びます

ロープの端に輪を作る

「アイ(目)」の部分に
「シンブル」という
金具を入れ込む
こともできます

中腹を少しほぐして、
そこに解けた先端を
編み込んでいきます

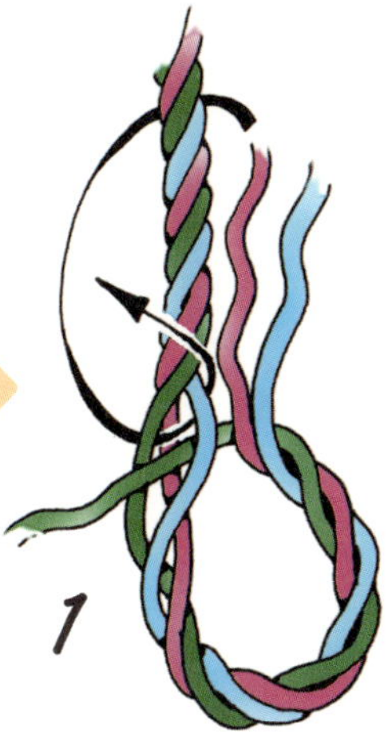

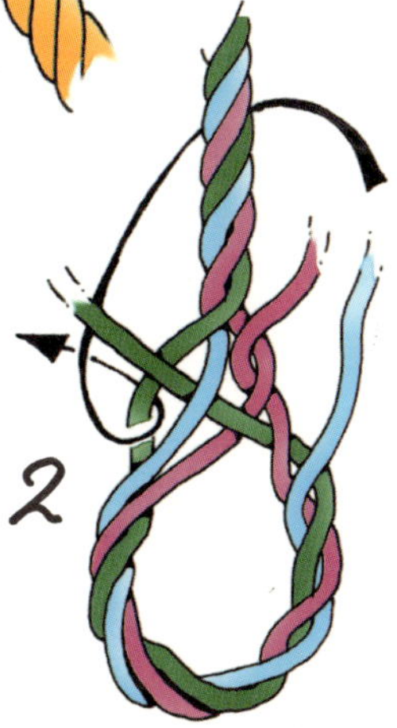

このテクニックを
「アイスプライス」
と呼びます

ロープ同士を編んで繋ぐ

解けた2本のロープを
突き合わせて
編み込んでいきます

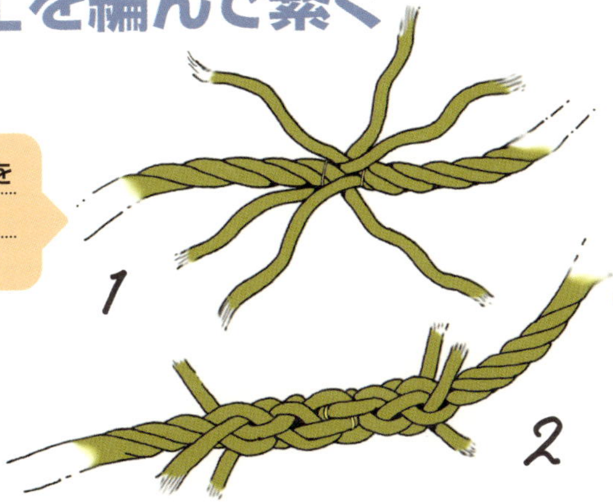

このテクニックを
「ショートプライス」
と呼びます。
2本の三つ撚りロープを
繋ぐときに使われます

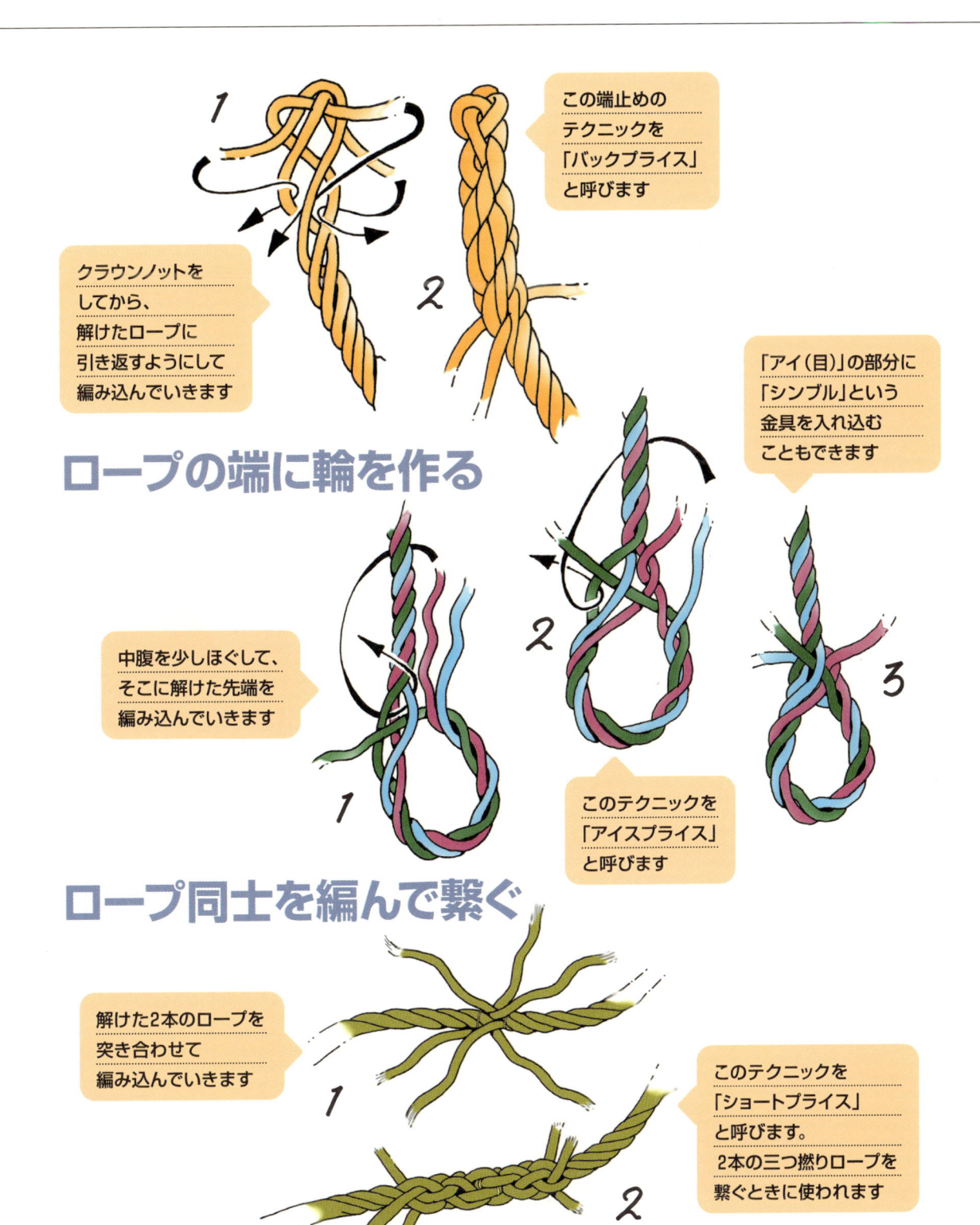

chapter 9

ロープの扱い方

【いつでもすぐに使えるようにロープをメンテナンスするテクニック】

ロープの扱い方

ロープを束ねて整理するとき、最も一般的なのが幾重もの輪にしておく方法でしょう。これを「コイル」と呼びますが、このとき知らず識らずロープをひねっていることになります。このときのひねりが「キンク」と呼ばれる「よじれ」となります。とくに編み込みロープはコイルするとキンクができやすいので、必ずフレークして扱うのがよいでしょう。またノンキンクコイルといって、コイルの巻き方を1回毎に左巻き、右巻きと交互にする方法もあります。

コイル状にまとめられたロープはよく見られますが、あまり小さな径でコイルすると解いたときにキンクができてしまい、使い勝手が損なわれてしまうことがあります

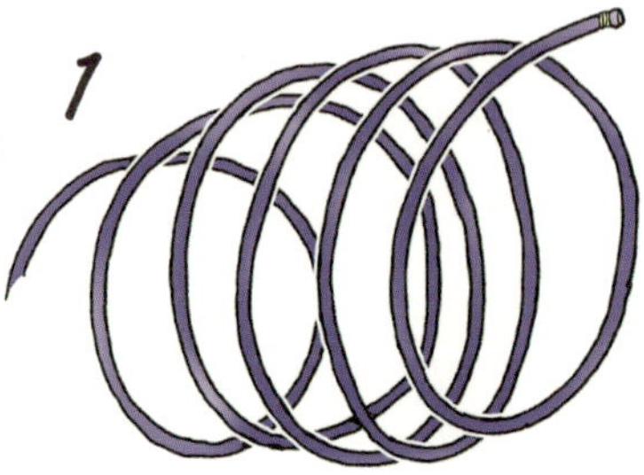

ロープにひねりがかかるまとめ方をするとこのようなキンクができてしまうばかりか、絡まりやすくなります。常にスムースなロープワークをするには決められた方法でロープをまとめる必要があります

このようなロープのまとめ方を「フレーク」と呼び、ロープにひねりをかけないためキンクや絡みの防止になります

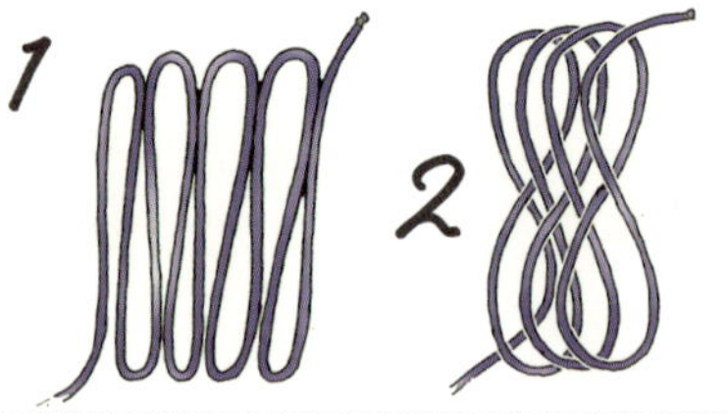

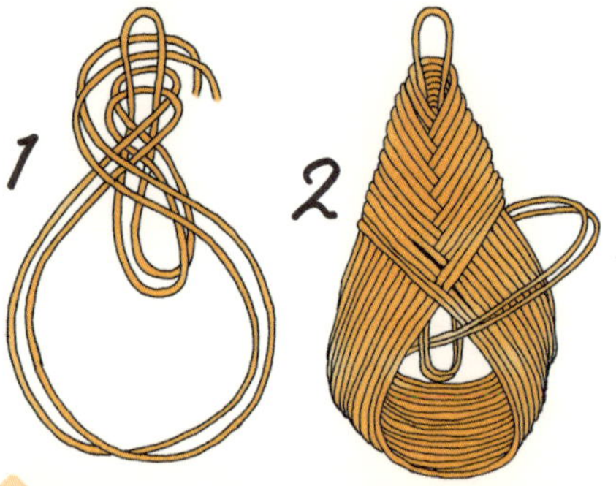

8の字結びを幾重にも重ねたこの「エビ結び」は、長いロープを小さくまとめて持ち運ぶときにとても便利なまとめ方です。ユーモラスな形は何となくイセエビに似ています

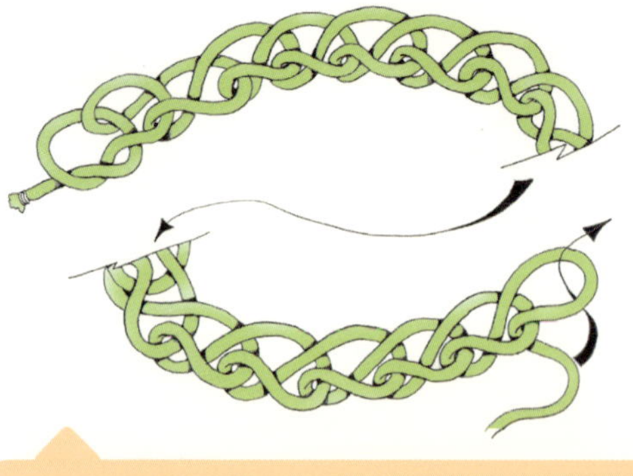

ロープを編み込むようにまとめれば、長いロープをコンパクトにまとめることができます。一端を引けばセーターを解くようにスルスルとロープを引き出すことができてとても機能的です

ロープの束ね方

長いロープは、ただまとめればいいというものではありません。大切なことは、次に使うときに支障なく解けてすぐに使えるということです。しかしあまりにも解きやすくしてしまったために、何かの作業中にバラバラと自然にロープの束が解けてしまったのでは本末転倒です。ここで紹介している束ね方は、いずれも束からロープを少し引き出して、束を縛る方法です。これまで本書で紹介したロープワークを活かすことができます。

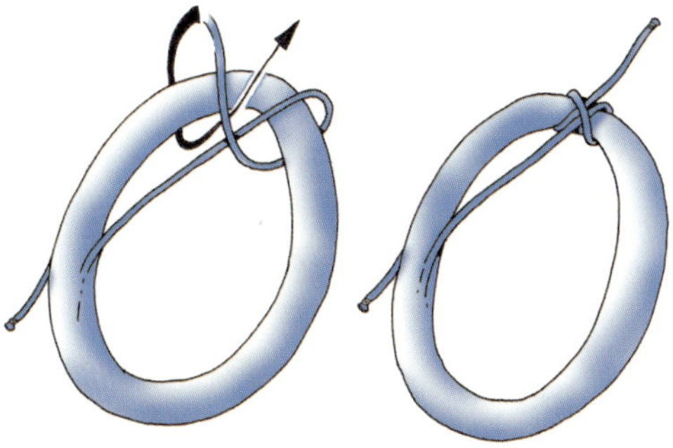

束から引き出したロープを使って
「クラブヒッチ」で束を縛っています

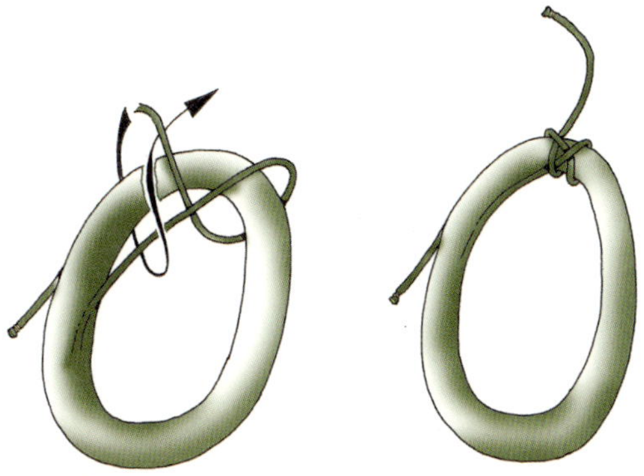

束の縛り方はクラブヒッチでなくても構いません。
ここでは「スパーヒッチ」を使っています

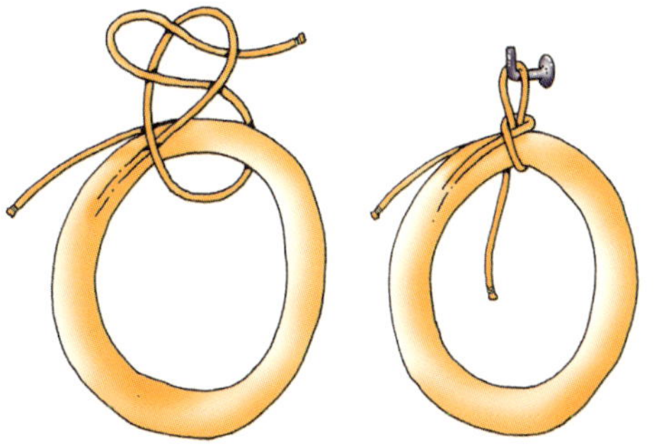

結び目に通すロープ端部を2つ折りにして、
折った先端をフックにかけるまとめ方です

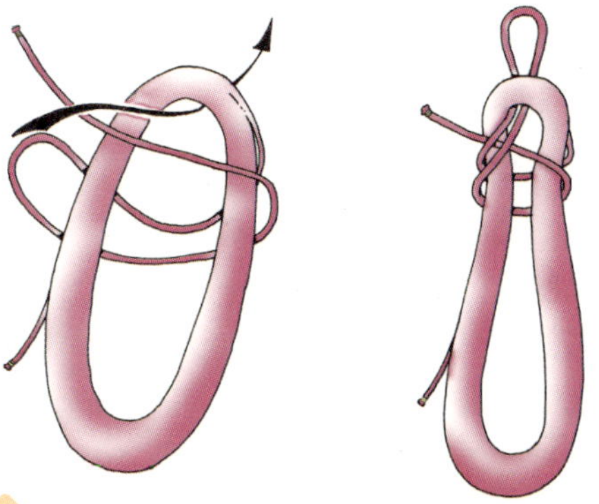

束から引き出したロープを2つ折りにして、
それを束に通してからフックにかけるまとめ方です

◆ロープの変遷と材質「素材はマニラ麻から化学繊維に」

現在では、さまざまな化学素材がロープの材料として使われていて、20世紀の中頃まで主流を占めていたマニラ麻や綿などの植物繊維を用いたロープはほとんど使われなくなりました。

マニラ麻を用いたロープは、植物繊維としては弾力性と柔軟性に富み、耐水性にも優れています。このロープはマニラロープとも呼ばれ、20世紀の中庸まではロープの主流として海運、陸運をはじめ多くの分野で人々の生活を支えてきました。また、帆船が活躍した大航海時代も、このロープなくしてありえなかったことでしょう。

化繊ロープにその地位を奪われたマニラロープも手芸や工芸の分野では生き残っています。その香りと手触りは往時をしのばせる独特の雰囲気を醸しだしています。

軽くて強く、腐食しないナイロン、ビニロン、ポリエステルなどの石油化学製品が開発されると、ロープの材質は瞬く間に植物繊維から合成繊維へと替わってしまいましたが、これらの化学繊維にも伸び率が大きく、熱に弱いなどの欠点があります。それらを補うためにさまざまな改良が施され、最近ではケブラー繊維などの優れたロープ素材が次々と開発され、製品として世に送りだされています。

外来語のロープは、その種のものの一般的な呼び名として広く定着していますが、「帯ひも」「縄跳び」「綱引き」などの言葉でわかるように、日本では古くから太さや用途によって、紐《ひも》、縄《なわ》、綱《つな》、索《さく》など、いろいろな呼び名で呼ばれてきました。

ロープ以外の外来語の呼び名として、登山ではザイル(ドイツ語)が使われています。そのほか、船では太さや長さ、用途によってコード、ライン、シート、ホーサーなどの呼び名が使われています。

◆日本の伝統的ロープ「紐、縄、綱」

日本でも古くから繊維を撚《よ》ってロープを作る技術が存在していました。その材料は、わら、麻、シュロが一般的でしたが、ときには竹や木の繊維を使うこともありました。

松やひのきの繊維で作られたロープは耐水性に優れているため、和船の碇《いかり》などに最適でした。水夫は突然のトラブルに対処するため、ロープを切断することもありましたが、そのときはロープの撚りとは反対回しでひねり切ったということです。こんなことができたのも、松やひのきの繊維を用いたロープならではのことでした。

そのほか杉、ニレ、マキなどの繊維も利用されていました。また、カバやネズの繊維で作った縄は火縄銃に使われるなど、今では考えられない材料と方法が用いられていました。これらのロープを縄または綱と呼び、糸や布や紙をよったり、編んだり、組んだり、ときには縫い合わせたりして作られたものを紐と呼びました。

古くから日本では、用途に応じて紐《ひも》、縄、綱を使い分けていました。これらは、ものを縛る、束ねる、引くという使い方のほかに、それを一定の決まりで結ぶことにより数量表示や手紙の文字代わりに使われたこともありました。これには多種類の結びを用いていました。左の図はわらを撚ったり束ねたりして米の量を示したものです。

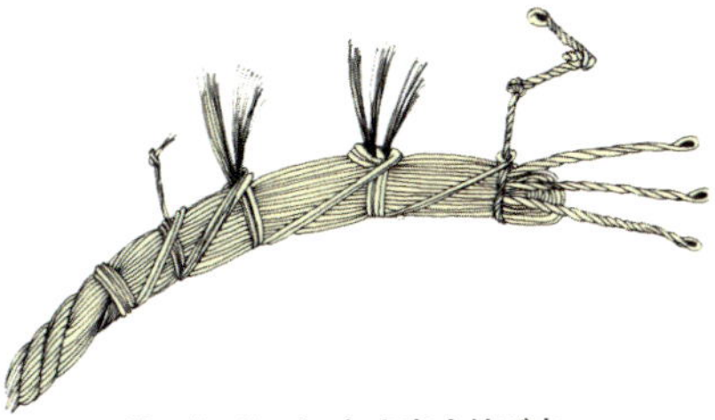

3俵6斗3升2合1勺を表す結び方

太刀や鎧《よろい》には組みひもの装飾が施されていて、その技術は組み紐《ひも》工芸として今日に伝えられています。また、打ち紐ほど堅く仕上げずに、丸や平らにした編み紐、現在の2重打ちの編みロープと同じ方法で袋状に編んでいく紐など、さまざまな種類があります。特殊な紐としては、絹糸、木綿糸、麻糸、布地、紙などを接着剤で固着したものもあります。生活様式が変わった現代の日本では、これら伝統的な紐を頻繁に目にすることはできませんが、それらの製造技術や結び方の工夫は日本文化の原点のひとつに位置づけられています。

◆ロープの構造

三つ撚《よ》りロープは、繊維を撚って糸状にしたヤーンを、ロープの太さによって数本から数十本撚り合わせてストランドを作り、それを3本合わせて1本にまとめたものです。

撚りの仕方によってS撚り（ストランドを右回りに撚って3本のストランドを合わせ、左回りに撚って作られたロープ）と、Z撚り（ストランドを左回りに撚って3本のストランドを合わせ、右回りに撚って作られたロープ）の2種類がありますが、一般にはZ撚りロープが多く使われています。

最近では素材の改良によって柔軟性や強度が格段に改善されたため、より使い勝手のよい編みロープも多用されるようになりました。編みロープは下の図のように袋状に編まれたシース（さや）に、径の小さな編みロープ（コア）を挿入して作られます。編みロープの中には、芯材として強靱なケブラー（デュポン社の商品名）を用いることにより、伸びがほとんどなく、極めて高い強度を保つものも開発されています。

三つ撚りロープの構造

編みロープの構造

Z撚りとS撚り

著者略歴

国方 成一（くにかた せいいち）
1945年生まれ
東京都出身
多摩美術大学卒業
長年、舵社刊行の月刊誌や書籍に数多くのイラストや記事を寄稿し、現在も活躍中。雑誌『スモールボート』では「免許不要ボート乗りまくりレポート」コーナーを連載している。アウトドアスポーツとして、セーリングヨットで日本各地をくまなくクルージングするのがライフワーク。おもな著書に『セーリング・クルーザー・スケッチブック』『実践ロープワーク教室』『かんたんロープの結び方』などがある。また、自宅のアトリエを近所の子供たちに開放して、絵画・造形教室を主宰している。

ロープワーク入門講座

2006年2月15日　第1版第1刷発行

著者　国方 成一

発行者　大田川茂樹
発行　株式会社　舵社
〒105-0013
東京都港区浜松町1-2-17
ストークベル浜松町
電話:03-3434-5181(代)
FAX:03-3434-2640

装丁　熊倉 勲

印刷　大日本印刷(株)

DVD制作
編集　株式会社 舵社
出演　国方 成一
ナレーション　福士 秀樹
レーベルデザイン　熊倉 勲

定価はカバーに表示してあります

ISBN4-8072-1513-2 C2075